序

兽形玦　红山文化

高16cm、最宽11cm、内径2.7cm、厚2.3cm，北京市文物公司藏。玉质呈黄绿色、质地润泽。该器对研究和认识新石器时期的饰物具有重要价值。

手串，源于串珠与手镯的串饰品，在今时，已经演化为集装饰、把玩、鉴赏于一体的特色收藏品。串珠最先用于颈饰，通常由有孔饰物串连而成。

中国因辽阔幅员、悠久历史、富庶物产和多元的文化内涵，可供于串珠的材料多达几十种，古代有石珠、骨珠、蚌珠、木珠、瓷珠、玉珠、陶珠、水晶、玛瑙、琥珀、琉璃、玻璃、树种、蚀花石髓、东珠、象牙等等。在现代手串中，由于材源和社会风尚的演变，沉淀下来比较常见的串饰材料有20多种，本书即粗列了几种大众常见且在赏析购买中容易出现鱼龙混杂的一些手串的基础信息，作为收藏者、爱好者茶余饭后的谈资。

从收藏的角度出发，手串可以从材质工艺与艺术文化两个方面，作为

松石管饰（商）

最大长3cm、宽2.1cm；最小长1.5cm、宽1cm。1976年北京平谷县刘家河村商代墓出土，首都博物馆藏。出土12件略有不同的松石管形饰。其中最大者一面平素，另一面砣起四条阳线、对钻圆孔；另有一件背拱起脊似龟，前端阳起长方形双眼，两侧仅刻两道短线示四脚、底平、对穿孔。其余10件为管形。出土后仍保持着艳丽的孔雀绿色。

主要价值判定标准。对于贵重材质，如玉、翡翠、琥珀、玛瑙等各有其材料等级，级别的鉴赏能够直接影响到价值的判定，因此分辨真伪等级就成为异常重要的收藏基础；普通材料的收藏价值可以集结在文化艺术价值上，造型风格、工艺取材、设计制作等都可以提升普通手串的收藏价值。当然，在中

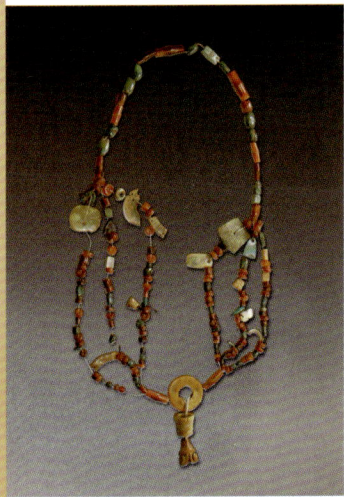

串项饰(179件)　西周

1974年北京房山县琉璃河西周燕国墓地遗址出土，北京市文物研究所藏。串项饰以玛瑙为主，形状、大小不一，有腰管状形、圆形、扁圆形、算珠形等，计110件；其次是绿松石饰件，有棱形管状、圆形管状、扁圆形等，器表较粗糙，工艺不甚精，计48件；再次为玉饰件，形状除管珠外，主要为形象的牛头、人面、璧形、兽面、兔形、鱼形、蚕形、扁平形、长条刀形、扁圆形等，计21件。

釉陶眼珠串(战国)

国的传统审美中，制作工艺与材质的关系，是有基本规律可循的，即高档材料使用高档工艺，而低档材料的工艺则相对简单。因此，作为一种高档的装饰品，中国古代的串饰很少选择低档材料，而收藏者的选择也大多集中在了精工细做的高级材料手串上。

串饰作为念珠的历史最早可以追溯到六朝，因此作为"佛珠"或者"数珠"用途的手串是本书介绍的另外一个重点。最初的念珠

蜻蜓眼珠串(战国)

蜻蜓眼珠(公元前
2-公元前5世纪)

金箔珠(公元前
2-公元前5世纪)

贝壳珠
(战国—西汉)

专用患树的种子，称"无患子"，取义消灾避难、断除隐患。后世大量的手串选择树核、树子与此有一定的渊源。尤其是榄核、菩提子、核桃等更是有明显的宗教用途。另外木质、树子材料的手串制作大多数与雕刻工艺结合，在价值上更强调制作工艺的精细。在现在的手串雕饰题材中，除了传统的佛头、佛经与佛教其他题材，更多了童子、仕女等世俗题材，因此在鉴赏与把玩时，有更多

瓜棱形料器手串（辽、宋）

的人文乐趣。

在今时今世，谈及与装饰有关的话题，无不与时风美尚有关系。在手串的鉴赏中，除了传统的收藏、把玩者，还有大量以佩戴手串为时尚的青年人。他们在鉴赏手串时已经打破很多传统的材料与工艺审美观，把手串饰品作为描述个性与身份的服饰细节，更注重的是手串材质与制作工艺的特别之处，形成了一种全新的手串鉴赏观念。本书对此类读者也力图有一定的帮助。例如在晶石、

玉雕多宝串饰（明早期）

蜜蜡手串（清）
翰海2006年春季拍卖会拍品、
底价为20,000～30,000元。

珊瑚手串（清）

琥珀以及树子的选择与佩戴上，提供简单的常识。

　　中国古代装饰名物的使用、制作与审美，到民国时候为止大约分了8个阶段，明清（第七阶段）与民国（第八阶段）的装饰观念对现世传统的手串审美有直接的影响。因为手串遗存品的鉴赏不作为本书的重点，只是从整体上谈及。今世手串在形制、材料与分类上，与中国传统的饰品渊源极深。另外，由于手串与人身体的贴近关系，所以与其他"灵性类"饰品一样，与主人之间存在"缘法"，这种超越时空客观的缘灵，也非本

核雕人物手串（民国）

沉香雕寿字手串(民国)

书述及的范畴。总之，爱物喜物之人，对于手串的鉴赏和情感自有微妙之处，个中滋味，唯有真心之人，才能体会。

扈秀笠
2006.5.22

核雕手串一对(民国)

核雕人物手串(近代)

序

现代人手机上的串饰

目录

喜

核雕手串

橄榄核雕是一种以橄榄核为原料，经精雕细刻而成的工艺美术品。橄榄核雕不仅可作为手串等佩饰，还可作为扇坠、佛珠。其历史可追溯至春秋战国，到了明清两代，更是风靡朝野，不仅皇帝喜欢，连民间也极风行，并成为文人雅士显示身份地位的爱物，甚至被视作当时的"时尚"，成了西洋人猎奇的对象。

几年前，橄榄核雕的市场价还多在50元至100元之间，工精质优的也仅200元左右。但时过境迁，如今橄榄核雕，一般技师或工艺师的作品也要卖到1000元至3000元，有的甚至近万元。

一般来说，苏南地区的橄榄核雕因其雕工细腻、技艺超人而价格偏高；而北方和广东的略低。目前市场

上这三个地区的核雕都有，但摊主开价都甚高。

圈内人士分析说，橄榄核雕作为一种微雕绝技，同其他雕刻类艺术品相比，其本身的艺术含金量是不可估量的。

而且，这种同样承载民俗风采的艺术品，眼下成了休闲时尚的象征，它们或被单枚挂于腰间，或多枚串起戴于手腕，把玩摩挲，其受欢迎程度，并不亚于玉雕类饰件。

一、选择与鉴别

橄榄核雕艺人在选择原料时，一般都讲究"大、圆、饱满"。什么意思呢？就是说橄榄核个头较大、外形较圆、肉少核多最好。这是艺人挑选原料的标准，我们可以在挑选手串的时候参考一下。

在购买手串时，除了上面所说的原料外，还应当格外注意手串的雕工。尤其是打算收藏时，这一点更是关键。一条手串是否属于精品，以后的升值潜力有多大，关键就是看其雕工。

在鉴别雕工是否精良的时候，可以遵循以下几个方面：

1. 是否为名家之作，这一点比较适用于初涉橄榄核雕收藏的新手。虽然名家之作并非都是精品，但是至少不会因为眼力差而出现误购假货的问题。

2. 如果是名家之作，还要进一步看手串的题材与雕刻手法的圆熟程度。

3. 随着雕刻工艺的改进，现在许多手串都是用机器雕刻而成。乍看之下，其精美程度甚至超过了许多大家。但是细看后就会发现，这种手串的雕琢痕迹太重，没有一点儿个性。这一点，尤其需要引起大

家的注意。

二、收藏与保养

一件雕刻精致的核雕手串，往往令人爱不释手，但如果不注重养护，产生开裂、花点(颜色点状变深)或损坏，则价值大跌或报废，令人惋惜，这就涉及一个手串的保养问题。

（一）防开裂

开裂是橄榄核容易出现的现象，原因在于核内与核外的湿度不统一。橄榄核一般由三瓣构成，三瓣之间相互隔断，每瓣之间都有核仁。刻成作品后掏掉核仁，这就形成了三个空囊。囊内空气湿度与核外湿度应保持平衡，如果内高外低相差悬殊的话，则核内湿润向外膨胀，核表面干燥向内收缩，这就会开裂。为了防止橄榄核开裂，应注意下述几点：

1. 防晒。手串不佩戴的时候，不要置于阳光或高温灯光下。

2. 防水。如果手串掉进水里或用水刷洗清洁，空囊进水后蒸发很慢，外表蒸发很快，容易导致由内向外膨胀而开裂。如果不慎着水，可将手串放在食品保鲜袋中打一松结，让水分慢慢蒸发，切忌速干。

3. 风吹。风吹是导致开裂的重要原因之一，尤其是在北方地区的冬春之交，短时间的风吹就容易将核子吹裂。

4. 尽量不要将手串放在有暖空调的环境

中。如果经常在暖气环境中使用，最好用室内加湿器加湿一下，这样就能够比较有效地防止核子开裂。

5．冬季不要放在内衣口袋。人们在冬季穿的衣服较多，有很多收藏者往往将橄榄核作品放入内衣口袋"珍藏"，这就容易开裂。原因在于人的体温起了一个"烘烤"作用，内衣口袋非常干燥。在冬季放在外衣口袋就不易开裂。

(二)防"花点"

一件精美的橄榄核手串，除了雕工高超外，材质也有讲究，即材料自然，颜色要均衡，如果颜色不均，色调特深处即为"花点"。出现了"花点"就会降低手串的艺术效果，很多"花点"是后天产生的。

当核子表面有污垢时，有些收藏者往往用食用油刷。用油刷是可以的，但用油量切不可多。油量过多，积在深凹处的油不擦掉，日后就会形成一个个深褐色的"花点"，使整件作品变得难看。

正确的清洁方法是，在棕刷上滴几滴头油或橄榄油，油量要少，刷完后用不滴油的棕刷再刷一遍，把积在深凹处的油刷散，最后用棉质软布或纸巾吸干，擦净积油即可。

(三)防跌落

橄榄核手串往往雕工精巧，因此非常"娇贵"。一旦掉地，往往人物件跌掉了鼻子、耳朵；核舟件跌掉了船头、船尾；风景件跌掉了亭子翘角，一件精美的艺术品就此成了废品。因此，在把玩的时候，一定要多加注意，以免掉地！

（四）最好的保养还是多盘摸把玩

人的手心会分泌汗液和脂肪类物质，经常盘摸把玩可以使核子表面颜色均衡地变成深红色，行内人称之为"包浆"。此后，就会越玩越有光泽，逐渐呈现出半透明状，给人一种玲珑剔透的感觉，而机械抛光处理是绝对产生不了这种艺术效果的。到了这个时候，手串的"身价"就会倍增。

三、核雕手串的把玩

工作之余，将手串拿在手中盘摸把玩，不仅能够有效地缓解劳累，而且可以养心怡情。不过，在把玩的过程中，还应当注意以下几个方面的问题：

1. 如果是新核，最好先把玩1个月左右的时间，这样等核面出现包浆后，手串就不易开裂了。

2. 新核最忌风、水和高温，所以在冬春之际把玩时，一定要注意做好相应的保养工作。

3. 平时闲暇之时，最好多多把玩，这样就能够比较快地将核子盘出来。并且，盘玩也是核子最好的保养之道。

核雕罗汉（局部）

核雕四大天王（背面为八仙）

4．无论是在南方还是北方，夏天都是最好的把玩季节，一定不要错过。

5．橄榄核最喜油脂。所以，如果您是油性皮肤，那么就恭喜您了。

6．平时不玩的时候，最好将手串置于密封的小布袋之中，以免因风干而开裂。

7．如果发现手串脏了，可以找一把柔软的小刷子，蘸着橄榄油轻轻地擦拭。

四、精品鉴赏与参考价格

风景八仙手串
参考价格：10,000元

八仙庆寿手串

参考价格：16,000元

八仙庆寿手串（局部）

十八罗汉手串
参考价格：8,000元

双面十八罗汉手串
参考价格：460元

和气生财手串
参考价格：600元

龙生九子手串
参考价格：2,200元

龙生九子手串（局部）

浮雕十八罗汉手串
参考价格: 14,000元

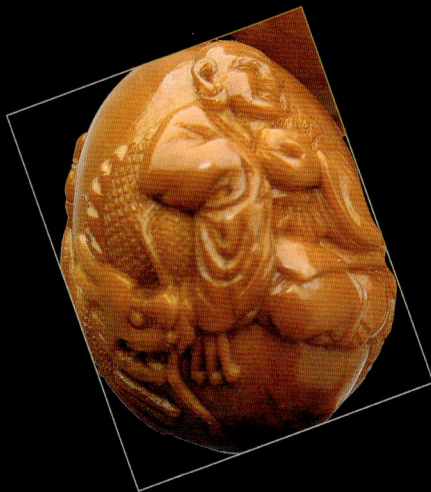

浮雕十八罗汉手串(局部)

知足常乐手串
参考价格：4,000元

知足常乐手串(款识)

福禄寿手串
参考价格：450元

十八罗汉手串
参考价格：4,000元

浮雕八仙手串
参考价格：2,600元

九龙戏珠手串
参考价格：1,500元

九龙戏珠手串 (局部)

十二生肖手串
参考价格：800元

十二生肖手串(局部)

寿字手串

参考价格：400元

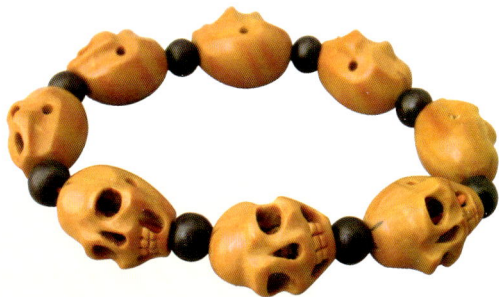

福字手串

参考价格：400元

骷髅手串

参考价格:100元

橄榄核光珠手串
参考价格：40元

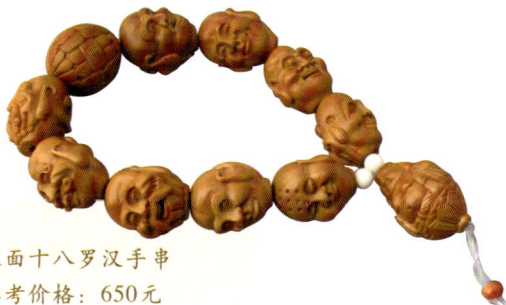

双面十八罗汉手串
参考价格：650元

福到眼前手串
参考价格：400元

六趣手串
参考价格：1,500元

福寿手串
参考价格：450元

恭喜发财手串
参考价格：800元

暗八仙手串
参考价格：650元

十二童子手串
参考价格：1,800元

龙生九子手串
参考价格：2,800元

古币手串
参考价格：2,000元

风景八仙手串
参考价格：10,000元

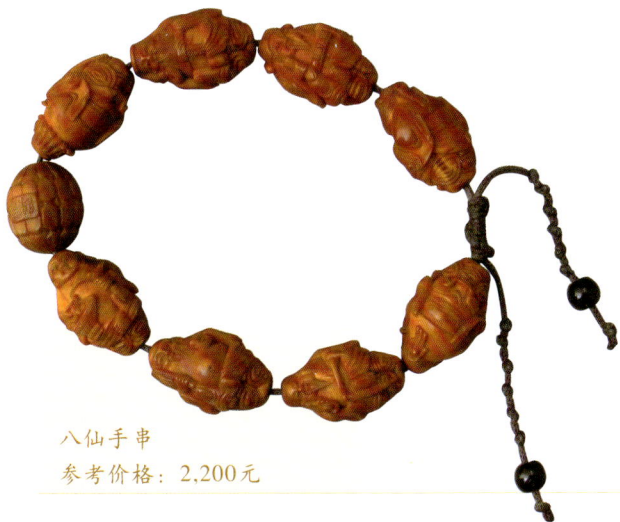

31

八仙手串
参考价格：2,200元

十八罗汉手串

参考价格： 12,000元

浮雕风景八仙手串
参考价格：10,000元

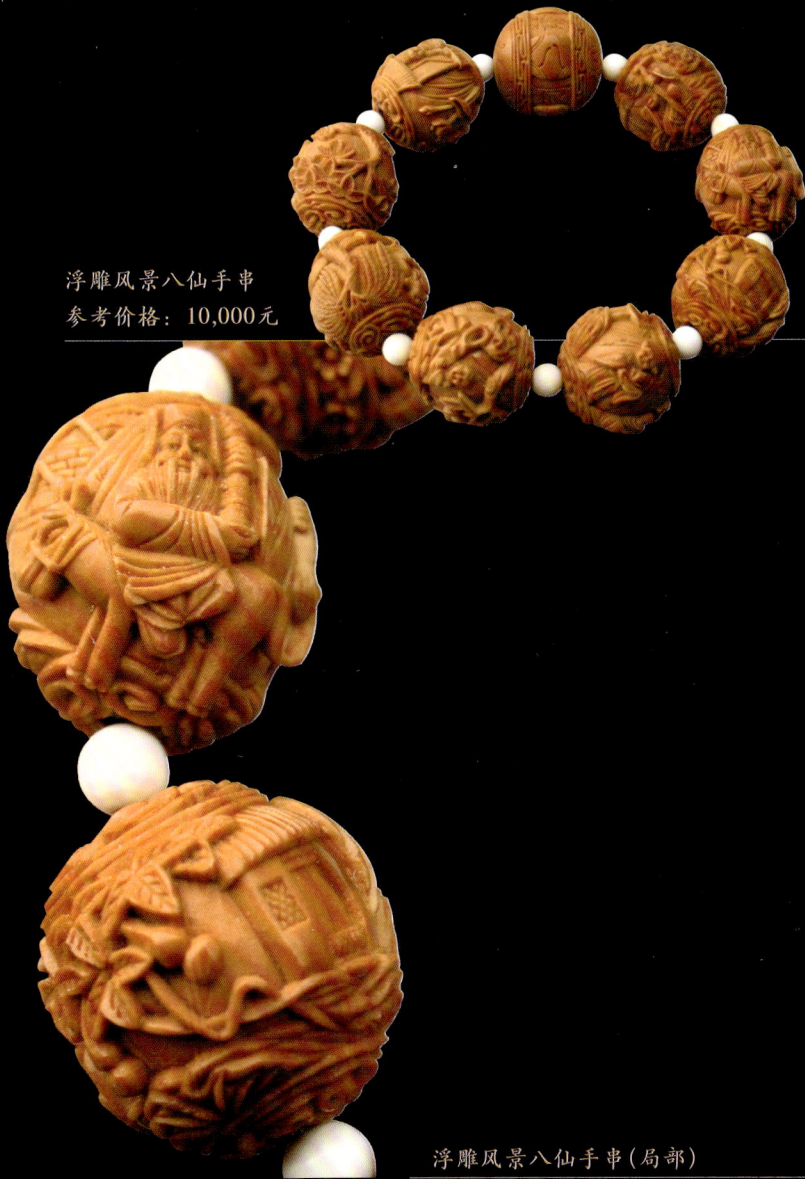

浮雕风景八仙手串（局部）

十八罗汉手串

参考价格：10,000元

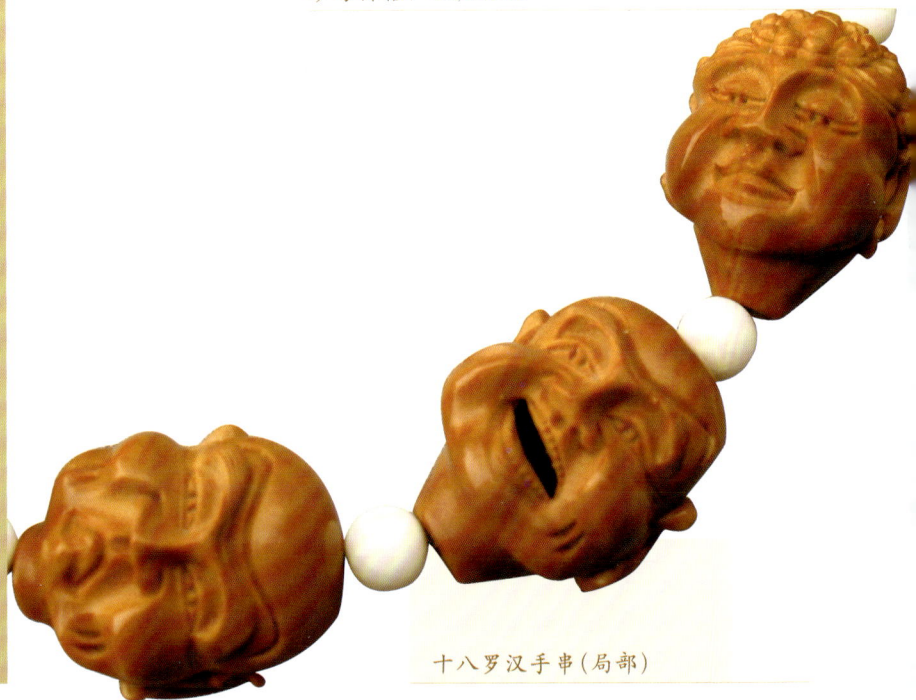

十八罗汉手串（局部）

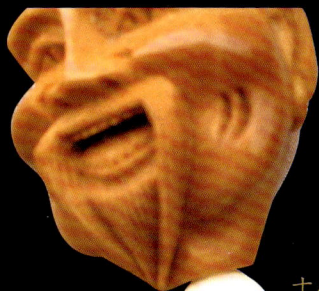

十八罗汉手串(局部)

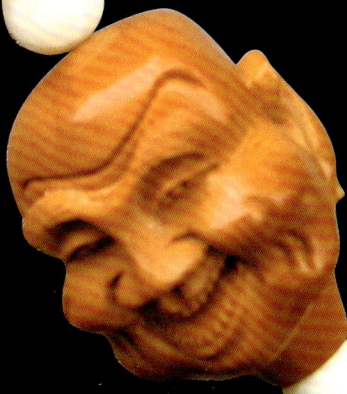

琥珀手串

在欧洲，人们称琥珀为"西方之金""小太阳"，同金银珠宝钻石一样，是皇室贵族阶层地位和特权的象征。琥珀是欧洲人的传统宝石，是欧洲文化的一部分，也是现代欧洲最流行的时尚。琥珀是情人间互赠的信物，也是结婚时必备的贵重珠宝。

琥珀的美更在于它的内涵是深邃含蓄的、智慧的。欧洲人认为戴琥珀的女人有个人品位，展现出她对充满神秘色彩的世界有深刻的认识，显然更高雅智慧。欧洲名媛、好莱坞影星也多以拥有琥珀饰品为荣。

除了美观外，人们相信佩戴琥珀有辟邪保身、消治百病的功能。人若能像琥珀那样高洁透明，善待人生，温良处世，必会高朋满座，左右逢源，经商创业更可聚

财。这正是欧洲人喜爱琥珀并经久不衰的原因所在。

　　琥珀不仅是一块美丽而高贵的宝石，更是一条通往古代神秘世界的时光隧道。触摸它，给人们一种安详恬静的心灵感受，仿佛这千万年前大自然的杰作，就是为了这美妙的一刻能与您有生命的接触，这是5000万年的缘。琥珀的另一大特点是，由于它不俗的天然属性，所以每一款都是世上绝无仅有的，像指纹一样每一颗琥珀都是独一无二的，没有两块琥珀是完全相同的。也就是说你绝对找不出第二枚和你的完全一样的琥珀。这对于那些追求个性、气质高雅的人士是再合适不过了。

琥珀圆雕弥勒像(明)

　　琥珀的美还在于它具有非常强的适应性，既可以细微纤弱、稳重典雅，亦可张扬前卫。琥珀是唯一有生命的"活化石"，是唯一可以"肝胆相照"直接赏玩其中奥秘的宝石。在时间的雕琢下，它的质地更加晶莹圆润。手持一块天然琥珀，赏玩中，您看到的将是一个梦幻般的世界。

一、琥珀的类别

　　琥珀的分类方法很多，但商家一般按照琥珀的颜色分为5大类：

　　（一）金珀：金黄色

　　（二）蜜蜡：不透明的黄色琥珀

　　（三）血珀：深红色

　　（四）花珀：白黑相间

　　（五）蓝珀：蓝色

蓝珀只产于中美洲的多米尼加，产生原因是火山爆发时的高温使琥珀变软，并使附近的矿物融入其中，冷却后琥珀再次成形。蓝色琥珀极其罕见，由于开采产量极不稳定，并且多米尼加限制出口，所以价格非常昂贵，也因此市场上的蓝色琥珀基本都是假的。

二、琥珀手串的鉴别和收藏

如今在收藏市场上，琥珀日益成为人们所喜爱的饰品，但随着市场的升温，琥珀也出现了许多赝品和仿品。所以，打算收藏琥珀手串的朋友一定要提高警惕。为了防止买到假货，现在告诉大家几个有效鉴别琥珀真伪的小窍门。

1．盐水测试法：天然琥珀质地很轻，当你把它（无任何镶嵌物）放入水中时，会沉入水底，但再将溶解的浓盐水加入其中，当盐的浓度大于1比4时（1份盐，4份水）真琥珀就会慢慢浮起，而假琥珀是浮不起来的。

2．眼观气泡：一般来说，形状规则的琥珀都不是真货。琥珀的自然形状大多呈现块状、饼状、肾状、瘤状、拉长的水滴状和其他不规则形状。真正的琥珀给人的印象轻柔、温暖，散发着光泽；而很多合成品给人冷的感觉。琥珀在形成过程中必须要经历一些使它不完美的过程，最终往往带有气泡、残片、裂纹。如果一条琥珀手串的每个珠子都非常相似且透明，或者琥珀内含的昆虫很完整，那就很可疑。琥珀中一般会有漂亮的荷叶鳞片，从不同角度看它都有不同的感觉。假琥珀透明度一般不高，鳞片发出死光，不同角度观察都是差不多的景象，缺少琥珀的灵气。假琥珀中鳞片和花纹多为注入，所以大多一样，市面上最常见的是红鳞片。

琥珀卧兽（清）

3．紫外线照射：最简单的办法，是将琥珀放到验钞机下，它上面会有荧光，淡绿，绿色，蓝色，白色等。

4．手感：琥珀属中性宝石，因此，夏日戴着琥珀手串不会很热，冬日戴又不会太凉，一般情况下都是温和的。用玻璃或是玉髓仿制的所谓琥珀手串则会有一种冰冷的感觉。

5．听音：真的琥珀手串放在手中轻轻揉动的时候，会发出一种很柔和略带沉闷的声音，如果是塑料或树脂声音会比较清脆。

6．闻味：真正的琥珀在摩擦时会有一点几乎闻不到的很淡的味，或干脆就闻不出。摩擦会产生香味的琥珀叫"香珀"。所以，如果发出很浓烈的香味的手串，琥珀材料肯定是假的。

7．溶剂测试法：乙醚和酒精是区分琥珀与柯巴树脂非常敏感而又便宜、方便的试剂，用乙醚和酒精分别擦洗琥珀，发黏的是树脂，琥珀则没有反应；而乙醚是区分其他树脂和琥珀的最佳工具，但对柯巴树脂没有多大效果。

8．放大检查法：真的琥珀很多会产生琥珀花，而假的则没有。

三、琥珀手串的保养

1．琥珀是有机宝石，挥发性、腐蚀性很强的物质对它不利。因此，当您的宝贝手串接触到这些物质后，要赶快用湿布轻轻擦拭，以免造成损害。

2．要避免将琥珀手串与硬质首饰一起保存，或强烈炽热的光源超近距离长期直接照射，以免摩擦或受损。当然，一般佩戴时受到的阳光灯光照射是一点问题也没有的。

3．沾灰的琥珀在长期不用时，应以温水清洗，再用柔软的布吸干水渍，最后以少量的纯净橄榄油轻拭琥珀，就可恢复其光泽了。

4．应将琥珀手串放在远离酒精和乙醚的地方。另外，香水、发胶、肥皂和洗洁精对琥珀也有一定的伤害。

四、琥珀手串的功效

琥珀，是全世界最古老又饶富趣味的饰物宝石。古时候在欧洲，琥珀与金、银一样贵重，只有皇室才能拥有。它是用来交换货物的钱、祭神的供品，也用来制作皇室珠宝与庙堂圣器。

中国古代称琥珀为"兽魂""光珠""红珠"，被视为珍宝。在医学上是难得的药材，具有安定心神、帮助睡眠的作用，更为练气修道者护身助气的宝物。在佛经中，琥珀、金、银、琉璃、砗磲、珊瑚、珍珠等，并列七宝，被佛家视为吉祥之物。

琥珀含有一种乙醚油脂，可穿过皮肤帮助血液循环，治疗肌肉关节的疼痛与紧张，可醒脑，治轻微的割伤、昆虫咬伤。此外，因琥珀含有极微小的琥珀粒子，容易与皮肤接触形成保护膜，是很好的美容品。

现代医学还证明，深海琥珀对现代化电器，如电脑、电视及精度仪表所散发的一些有害射线，有很好的吸收作用。俄罗斯科学家研究证实，被人们作为宝石收藏、佩戴的蜜蜡对人体某种病症具有一定的治疗和保健功效。

研究认为，蓝蜡所含元素可加速新陈代谢，清除体内毒素，提高细胞抗病力及抗衰老；雪山蜡内含硫元素，有助畅通气血，佩戴或用来按摩患处，可改善风湿疼痛、腰酸背痛、四肢麻痹、肩周炎等，对肿瘤、骨质疏松有一定预防作用。

五、精品鉴赏与参考价格

血珀蜜蜡手串

参考价格：2,000元

蜜蜡手串

参考价格：8,000元

血珀手串
参考价格：2,000元

琥珀混搭手串
参考价格：300元

万字莲花手串
参考价格：800元

金珀手串
参考价格：800元

金珀手串
参考价格：1,000元

原矿金蜡手串
参考价格：8,000元

仿雪山蜜蜡手串

参考价格：4,000元

血珀手串

参考价格：4,000元

黄蜜蜡手串
参考价格：1,000元

原矿琥珀一百零八念珠
参考价格：1,000元

血珀蜜蜡手串
参考价格：2,000元

象牙手串

象牙作为饰品由来已久，长期大量使用，导致捕象业的发展，使大象濒于灭绝。为了保护这种珍稀动物，维护地球的生态系统，今天已有许多国家禁止进行象牙贸易。象牙仅指大象两根弯曲的长牙，而不是指大象所有的牙齿。

一、象牙的分类与特点

象牙有非洲象牙和亚洲象牙之分。

非洲象牙一般较长，其牙质相对较硬，为奶白色，最优质的主要来自坦桑尼亚和喀麦

象牙镂雕云龙长方盒(清乾隆)长26.5cm、宽11.5cm、高8.9cm。北京颐和园管理处藏。象牙质，镂雕云龙图案，开光，花边，圆足，器形有浓厚的西式风格。

隆。亚洲象牙一般较短，色白但易变黄，其中以斯里兰卡产的为最好。

象牙的颜色有白、黄、浅棕等色调，表面无珐琅质覆盖，质地坚韧细密，光泽柔和。象牙根部中空，与骨头相连，称牙管；中部露出口外，约占总长的1/3，为半空心，牙尖1/3实心，是用来雕刻的最佳部分。

从实心的截面可以看到中央有一小黑孔，称"牙心"。通过牙心可以判断牙材的优劣，只有中央一粒，称"太阳心"，最好；数粒的，称"芝麻心"，次之；成不规则点线状纠缠的，称"糟心"，又下一等。

在象牙截面上还能找到独特的交错网纹或人字纹，也称"牙纹"，这是一般的兽骨、兽牙所不具备的，也是鉴别象牙时应特别注意的。

象牙雕云龙纹牌(清)
长11cm、宽7cm。北京市文物公司藏。牌用象牙制成。正面最上边雕火焰纹、中心有穿孔；中部的云纹框内浮雕正龙和云纹；下边的两道圆之间均匀分布着六个手铃的图案。

象牙螭钮章(宋)
长8.9cm、宽9cm、高9.3cm。北京艺术博物馆藏。印文为篆书"内府图书"。印台正面阴刻篆书"乾道二年"(1166年)边款。印台之上，一条螭龙卧于海水之中，微张的嘴中衔一粒圆珠。螭龙眼微睁，长鼻，一对长耳后贴于脑部，双耳后各有一束长发向腮部卷曲，一只独角向后伸出，角尖弯曲，短粗的尾部向一侧蜷去，四肢的肘部均雕火焰纹。整个印上布满牙纹。

二、象牙手串的价值和收藏

(一)象牙的价值

象牙以颜色罕见或是纯白色、半透明、质地致密坚韧、纹理细密、质量大者为优等品，而颜色发黄、块体小、结构疏松的象牙价值就低，甚至失去珠宝的价值。一般来说，产于非洲的象牙质地细腻，截面上带有细纹理。而亚洲象牙的质地较疏松柔软，颜色容易变黄。

在象牙的评价因素中，雕刻工艺同样非常重要。名家之作，其价值往往会和一般的制品有天壤之别。传统的牙雕好坏评判法，即"雅""细"和"繁"三字。而三字中以"雅"为首，但事实上很少有哪件牙雕能满足这三个字：一件牙雕太细太繁了自然整体就不会有素净的雅致。从收藏角度而言，一件牙雕无论在哪个字能达到上乘，就值得一藏。器物的内涵和整体效应固然重要，但工艺的细致和造型的繁复也同样值得品味。

象牙雕人物故事笔筒(清初)口径11cm，高16cm。北京市文物公司藏。通体制紫檀平底、周身雕人物故事、三人跪地为出行者送靴、意一路平安、场景壮观、人物形象生动、工艺精巧、细腻。

(二)象牙的收藏

象牙制品华贵端庄、做工精美，自古以来就受到人们的青睐，是我国工艺美术品中的一朵奇葩。1991年我国加入了"濒危野生动植物国际贸易公约"，大象成为重点保护的野生动物，各国不再允许销售象牙。这使象牙制品在我国的发展受到一定的影响，但同时也导致现有的象牙制品身价一路高升。据了解，近一段时间以来，我国象牙工艺品的价格已飙升到原来的1倍，而且价格还在不断攀高。

由于象牙制品的身价急升，很多人开始拿假象牙甚至人造象牙来蒙骗收藏爱好者。其实，只要掌握了下面的"四看"之法，辨别真假并不难。

一看颜色：真象牙呈牙白天然本色，骨制品多经漂白而成。象牙即使漂白也会呈现出一种油润洁白的光泽，而骨制品漂白后则变得干涩。塑料制品白得呆板、不自然、无光泽。

二看质地：真象牙质地细腻，纹路呈细小波纹，无骨眼；相比之下，骨制品的质地较粗糙，上边的纹路也粗，有骨眼；而塑料制品往往无纹路。

象牙雕松竹梅臂搁（清中期）
长24.7cm，厚6cm，高3.1cm。北京艺术博物馆藏。臂搁仿梅桩形，上边为几枝盛开的梅花，并过枝到背面，中间为一枝伸至背面的竹枝，下边为一只六足昆虫，左侧边沿上篆书"有不为斋藏"五字竖款。

三看重量：从重量上看，同样大小的装饰品，由于象牙比重大，牙雕品比骨雕品、塑料制品的分量明显的重一些。

象牙雕五蝠捧寿墨床（清）
长10.3cm，宽4.9cm，高3cm。北京艺术博物馆藏。墨床上面均布三道弧形凹槽，两侧向内卷曲成足。底部方形开光内浮雕五蝠捧寿图案。

四看做工：真象牙制品大多精工细作，为圆形；而骨制品因本身材质粗糙，即便是细作也会显得粗糙些。另外，骨制品多因材料小而雕刻形状呈椭圆形或扁圆形，且表面高低不平。塑料制品则往往留下模具的痕迹。

三、象牙手串的保养

在收藏市场上，许多象牙制品都因保护不当而产生龟裂等品相问题，令藏品的价值大打折扣，因此象牙手串的养护绝不是一个小问题，应引起藏家的足够重视。

首先，平时可置于软囊盒中，放上防蛀药块，如其表面沾上灰尘，可用毛刷刷除，但若沾上油渍或顽固性污垢，则需要用温肥皂水轻轻刷洗，万不可浸泡，洗后及时擦干，以防器物翘起或涨开。

其次，象牙由磷酸钙和有机体组成，因此在气温悬殊不定、冷热无常的冬天过于干燥时，会导致龟裂、老化、脆化。因此象牙手串的存放环境应尽可能保持恒温。保存象牙的温度宜在5～10℃。

再次，象牙手串对湿度的变化尤其敏感，因其不仅自身含有一定量的水分，而且还具有吸水性，会随环境的改变而吸收或释放水分，体积也会随之膨胀或收缩，器物则会因过度胀缩而龟裂或变形。所以存放象牙手串时周围环境的相对湿度应维持在55%～60%，简单的做法是不戴的时候，在附近放置一杯清水。

象牙雕农家乐笔筒(清康熙)

口径13cm、高16.5cm。象牙质、牙色橙黄、以四层深雕技法精雕而成。依山势雕一老髯翁垂钓桥旁，一少者单膝屈跪于桥上，双手合而伏于膝，似虔诚求教状；为父者扛犁前行，小儿骑于牛背，两父子谈笑风生，其乐融融。虬枝、茂叶、山石、曲溪、小桥、楼阁做工精致、刀法圆熟，为康熙朝精品之作。

象牙和任何材质的手串搭配
都会有很好的效果

此外，还要注意象牙手串也不可以放在有风的地方。

四、象牙手串的把玩之道

象牙手串一定要多盘戴，这其实也是一种最好的保养方法。

象牙手串如果一直佩戴的话，它的颜色就会逐渐发生变化，经过半年到一年左右的时间，以前吸的脏东西就会泛出，这时包浆会逐渐出来，泛出润泽的象牙黄。

二年左右，包浆稳定后，手串就会变得非常漂亮了。

五、精品鉴赏与参考价格

机刻生肖手串
参考价格：1,200元

机刻生肖手串（局部）

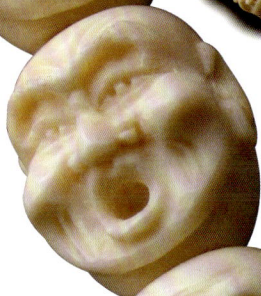

手刻十八罗汉手串
参考价格：4,500元

把玩艺术 系列图书

手刻十八罗汉手串（局部）

象牙雕常见的做伪方法

我们在市场上，常常会看到一些故意做旧的象牙雕刻品，其材料本身是象牙，但是新象牙，为了冒充旧牙雕，做伪者通过各种手段，使新象牙牙色变得旧黄，以期假冒古董而获取厚利。常用的做伪方法有以下几种：

1. 将新象牙沉浸在浓茶水中加热，或置于咖啡中浸泡数周或数月之久。

2. 将象牙制品浸泡在松节油中，在阳光下暴晒三四天。

3. 将新象牙放在烘箱和冷冻柜里交互烘烤和冻结，使之热胀冷缩过度而产生裂痕，冒充古旧象牙的自然裂缝。

4. 置于烟中熏烤，使新象牙的颜色与旧象牙的相似。经烟熏后，某些易挥发的类似焦油一样的物质便均匀地黏附在新象牙的表面。但用这种方法做伪，其色泽可以被沾有汽油或酒精等有机溶剂的布擦掉，假色擦去后，依然保持着新象牙原来的自然色泽。有时，用低劣手法做伪的颜色，还可以被温水和肥皂水洗去。

所以，在鉴别牙色时，我们可以查看一片牙的底部或内部，观其色泽老化的变化程度与表面是否一致。经人工染色做旧的象牙，一般在处理过程中无法将器表和内部深处的色泽做成两样，而自然老旧变色的象牙却有此方面的差异，这就为我们鉴别象牙到底是自然泛黄还是人工做出来的，提供了一个标志。

象
牙
手
串

肆 玉石手串

第一节　翡翠

　　翡翠属于优质玉石品种，即通常说的翠玉。它非常稀有、珍贵，被称为"玉石之王"。历史上许多皇室贵族、名公巨卿对它钟爱有加，因此又有"皇家玉"的美称。现实生活中，人们喜欢把它作为美化自身、馈赠亲友的珍品，当作世代相传的收藏品。翡翠的大规模开发利用仅仅几百年，但现在已经成为世界玉石中一个举足轻重的品种，喜爱翡翠的人群也从华人扩展到其他

镶金翠翎管(清)
高6.2cm，径1.5cm。密云县董各庄清皇子墓出土。首都博物馆藏。圆柱形、中空，顶部有半圆形环，上套金质别子。

的民族。

由于其价格及品质富于变化，具有极大的跨越性，使得不同阶层的人士趋之若鹜。一些精品、极品更是不断地在世界宝石拍卖中缔造令人惊羡的天价。许多人将其视为难得的吉祥、高贵之物，或收藏于室内，或把玩于掌中，或随身佩戴，无一不体现身份与文化层次，展示私家财力进而美化生存空间。

翡翠的产地只有缅甸北部一地，距我国边境很近，历史上又属中国版图，所以开采、运输及加工制作多由华人掌握。这不仅为世人制造了成千上万美妙绝伦的翡翠艺术品，同时也培育了中华民族对翡翠独有的情感。

翠荷叶佩(清)

长5.3cm、宽3.5cm。朝阳门外高碑店荣禄墓出土。首都博物馆藏。翠质碧绿、晶莹、雕琢精美。荷叶覆盖、叶瓣翻卷、经脉分明。挂件配有丝绳、粉红色碧玺圆珠及米珠结。红绿相间、莹亮的珍珠穿插其间，给人以清凉别透之感。

一、翡翠的分类与鉴别

为了避免在购买翡翠手串的过程中上当受骗，我们应该尽量多了解一些翡翠方面的基础知识。可以这样说，只有懂得了翡翠的分类和鉴别方法，才能拥有自己心仪的妙品。

（一）商家的分类

市面上出售的翡翠饰品中，有的是天然翡翠，有的是经过了优化处理的翡翠。商家根据这些区别将翡翠饰品分为A货、B货和C货。

A货指天然产生、未经物理或化学方法破坏其内部结构或注入带出物质的翡翠。

B货指原本种水、颜色较差的翡翠经过强酸、强碱浸泡，使其种水、颜色得以改善，与此同时，翡翠的原始岩石结构也遭到了破坏，并伴有物质注入或带出。为掩盖被破坏的结构，增大翡翠的强度，翡翠B货经常用有机胶或无机胶作充填处理，但充填处理不是翡翠B货的必然步骤，也不影响翡翠B货的定义。

C货指无色或浅色的翡翠经过人工染色的饰品。染色手段有多种，既有破坏结构的染色，也有不破坏结构的染色，但色素都只存在于翡翠的裂隙之间或晶间。翡翠经常染成绿色、红色、黄色或紫色。

(二)行家的分类

对于翡翠行内有句俗话叫"外行看色，内行看种"，因此首先要弄清楚"种"的概念。"翡翠的种"是翡翠的颜色、质地、透明度和结构、裂隙以及大小等诸多因素的综合评价和称谓。这是在港台地区流行的说法，到了江南一带，行家们用"地"来表达类似的含义，比如"藕粉地"。

"种"的分类比较灵活和感性，有的时候只以翡翠的结构和质地来命名，这时候"种"就接近"质地"的含义；有时候又以颜色和质地结合来命名(比如油青种)，种的含义就变得又不一样。下面是几种在市场上常见的翡翠品种。

1. 玻璃种和老坑玻璃种

顾名思义，这个品种大多透得像玻璃一样，净度高，结构细腻。其中，"老坑玻璃种"可以说是最高档的翡翠。

在显微镜下，可以看到它里面的结晶呈现微粒状，粒度均匀一致，晶粒肉眼不可见，质地细腻，无裂绺棉纹，敲击玉体音呈金属脆声，透明度高，有玻璃光泽，玉体形貌观感似玻璃。

翡翠扳指(清)
高2.7cm，直径3.2cm。海淀区半壁店双槐树小学出土。首都博物馆藏。圆柱体、外表光滑、半透明、呈玻璃光泽、翠绿色、晶莹透彻、质地坚硬、磨制光滑。

2．冰种

比玻璃种稍次，它给人的感觉是像冰块或冰糖一样。

市场上常见的"冰种"，有以白色为主打、净度高的无色饰品；以冰地为主，加上一点蓝花、绿花、紫罗兰等，可称之为"冰种飘花"，还有"冰种蓝水""冰种晴水"等。

硬玉结晶呈微细粒状，粒度均匀一致，晶粒肉眼能辨，硬玉质纯无杂质，质地细润，无裂绺棉纹或稀少，敲击玉体音呈金属脆声，透明，有玻璃光泽，玉体形貌观感似冰晶。

3．油青种

这是翡翠中的大路货，主要以颜色而论，质地的要求不高。颜色主要为带灰色加蓝色，或带有黄色调的绿色，更有浅青深青之分。

常见的有油青色、蛋青色、蓝青色等，颜色沉闷不明快，但透明度较好。许多B货翡翠看起来很像油青种，常常会让很多新手上当，因此一定要注意。

透明度高，质地细腻，硬玉结晶呈微细柱状纤维集合体，肉眼有的尚能辨认晶体轮廓，敲击玉体音呈金属脆声。

4．白底青

白底青是比较常见的品种。这种翡翠的特征是质地较干，底透白，可是飘的绿很艳，甚至绿到翠绿或黄杨绿，它的绿绝对是此品种的一大亮点。

5．紫罗兰

这是一种深受年轻女士喜欢的紫色翡翠，行内人又称它为紫翠。它的底色为紫色，其中有茄紫、蓝紫、粉紫等，透光性从透明到半透明都有。紫色深的，质地细的，透明度高的紫翠很稀罕。

6．金丝种

最大的特色就是颜色的排布呈丝带状分布，并且往往是平行排列，丝状色带的颜色较深，一般呈亚透明到半透明。

7．豆种

"豆种"有个很明显的特征，就是可以看到很粗的颗粒。具体地说，豆种是指颗粒结构类似豆状的翡翠，底子很粗，透明度差。市场上这种货色很多，价格不太高。

二、翡翠手串的价值和收藏

(一)价值

翡翠手串的价值主要取决于如下几个方面：

1．颜色

颜色是翡翠质量评价体系中的一个重要因素。颜色的要求是纯正、浓艳、均匀、协调。

高档翡翠应具有纯正的绿色，略带黄色色调的绿色及灰色、褐色、棕色、黑色等色调均被认为是杂色调，杂色越浓，翡翠颜色质量越好。

高档翡翠要求颜色浓艳，即要求颜色饱和，亮度适中搭配，颜色过浅，明亮但不艳丽。颜色过浓，翡翠透明度降低，会有黏重感。

天然翡翠的颜色多呈丝状、片状分布，很难达到均匀。如果手串的颜色达到通绿，即被视为高档品。

2．质地

质地又称粗细，是指翡翠晶体结构粗糙和细腻的程度。极细的晶体结构是高档翡翠手串的必备条件，具有这种结构的翡翠油润、细腻、无颗粒感；反之，则颗粒粗大，结构松散。

3．透明度

俗称"水头"，可以分为透明，较透明，半透明，微透明，不透明等不同程度。翡翠手串的透明度越高，价值越高。如果翡翠手串既有艳丽的颜色，又有一定透明度，即为上乘。

4．雕工

雕工即雕刻的工艺水平高低。一般而言，翡翠手串的价格不受年代的影响，这一点与软玉有所不同。但是，清朝雕刻的翡翠，要比新翡翠更具有价值。之所以如此，是因为清代的雕工极佳。

翡翠雕双獾佩(清)
长4.8cm、宽3.4cm。北京市朝阳区高碑店荣禄墓出土。首都博物馆藏。绿色浓郁、玻璃地，镂雕首尾相衔的双獾、上系青色丝绳及粉色碧玺珠、米珠结皆为原配。双獾是"双欢"的谐音，隐喻夫妻和美，是清代玉雕中常见的题材。

5．重量

重量即翡翠的大小。翡翠手串的价值一般不受重量的限制，但在其他因素相近时，尺寸大即重的价值高。

6．坑

翡翠的原料依照出产方式分为"老坑"和"新坑"等说法，其中人们将长期受自然界雪水浸泡的翡翠原石称为"老坑翡翠"，这样的翡翠外观一般是偏绿色，据称有水亮斑的光泽，非常珍贵。

(二)收藏

一件翡翠值得收藏，要达到以下三点：一、天然A货翡翠；二、A货翡翠中色种好的上品；三、加工工艺精湛。

首先要保证其为未经过任何人工处理的天然 A 货翡翠，只有 A 货翡翠才具有稀有性和恒久性的升值条件。B货翡翠看上去颜色很漂亮，质地很通透，往往又好又便宜。但是B货翡翠经不住时间的考验，一般几年之后硅胶氧化，就会变得面目全非。而C货翡翠更是不在考虑范围之内。

是不是天然A货翡翠都有收藏价值呢？当然不是。那些色不美种不佳的低档A货翡翠同样没有收藏价值。

其次，要保证翡翠材质本身较为难得，或色美，或种佳，或巧色，至少有一点所长。如果色种俱佳，则为翠中珍品。

翡翠的颜色是越绿越好。饱和度越高，绿色越浓，越珍贵。饱和度低，绿色浅淡，则价值不高，不具有收藏价值。

种是看翠的关键，俗话说"外行看色，内行看种"。翡翠越透明，种越好，翡翠越不透明，种越差。因此，种越好收藏价值越高。

再次，要保证工艺精湛。美玉还需佳艺，一件做工粗糙的翡翠是不会有收藏价值的。在拍卖会上高价销售的翡翠无一不是工艺精美，颇具观赏价值的。南方有些自己加工翡翠原料的公司，将加工的边角余料加工后摆在商场销售。这些东西中虽然也有绿色，或一定的水头，但工艺繁琐粗糙，造型不美，根本没有多少升值的空间。

简而言之，一件值得收藏的翡翠一定是天然真货，一定是用料较为难得，工艺考究，有特色的翡翠。只有这样的翡翠才有生命力，才会随着时间的推移而更显得弥足珍贵。这样的翡翠并不见得都价值高昂，有些价值不高的翡翠有特色、工艺美，也具有自己独特的魅力，一样可以成为收藏大家喜爱的小品。

三、翡翠手串的保养

翡翠虽然没有生命，但它确需护养。大家知道，翡翠有种，种"老"的，结晶颗粒细小，晶隙细微，这样就能保持其原有的水头，永久不变。而种"嫩"的，结晶颗粒粗大，晶隙宽大，在晶隙中含有一定的水分。一旦失水，就会变干，以致产生绺和裂，绺裂多了翡翠就会失去其美丽。翡翠为什么要"养"，原因就在于此。

那么，如何"养"好自己的翡翠手串呢？一个最简单而又实用的方法就是，经常将手串戴在手上，这样人体就会随时补充翡翠的水分，使其润泽，水头得到改善，这就是人们常说的"人养玉"。

除此之外，翡翠手串的保养应当注意以下几个方面：

第一是佩戴和收藏翡翠手串时，千万应该小心，以免发生碰撞。碰撞后，有时翡翠表面好像没事儿，其实它的内部结构已受到损坏，并产生了暗纹。

第二是切忌高温暴晒。翡翠性阴，高温或者久晒下容易产生物理变化，时间一长会导致失水失泽，干裂失色。

第三是要经常佩戴，常用软布或软刷浸水刷去留在上面的污垢。

第四翡翠很忌讳油烟油腻，所以炒菜做饭时，尽量不要佩戴。

第五强酸溶液会破坏翡翠的结构和颜色，应该尽量避免接触。

四、翡翠手串的把玩之道

如今，翡翠手串的款式、造型、纹饰、创意及做工等都有很大改进，更加强调其吉祥性、玩赏性和艺术性。人们在观赏、把玩的过程中获得精神和文化的享受，特别是闲时触摸玉饰往往产生一种舒适、高雅的情趣，使人感到无比的喜悦、兴奋和满足。

五、精品鉴赏与参考价格

翠手串
参考价格：3,000元

翠手串
参考价格：3,000元

干青翡翠手串
参考价格：1,500元

翡手串
参考价格：500元

小贴士

1. 送朋友翡翠应当注意什么

a. 喜好：您可以根据朋友的喜好选择不同样式的翡翠，每种不同的饰品寓意都是不同的，像手镯一类的就特别适合女士佩戴，无论青年女子还是老人都比较适合，这正是千百年来女性特有的审美观不断沉积下来的；对于男性朋友来说，就特别适合挂件，合适的挂件往往能更好地衬托出个人的修养，并且翡翠的灵气也会给人一种恬静的感觉。

b. 职业：在赠送朋友翡翠时，朋友的职业是挑选翡翠应当注意的一点，如果您的朋友是个白领，您可以选择寓意为心平气和、田园春色一类的翡翠挂件，会让您的朋友们在喧闹中拥有一份平和的心态；如果您的朋友是工商界人士，您可以送他福禄寿一类的挂件，富贵而又不流俗。如果您的朋友是知识分子，您可以选择意境高深的翡翠饰品，清高而不孤傲。

至于其他的类别，您都可以根据朋友的爱好和职业大胆选择，朋友一定会喜欢的。

2. 翡翠鉴赏常用语

翡：翡翠中多种深浅红、黄、棕褐色的简称，有时也称为"红翡""黄翡"等。

翠：翡翠中多种深浅绿色的简称，有时也称为"墨翠""绿""翠绿"等。

紫：翡翠中紫色部分的简称，有时也称为"紫翠""紫罗兰"或"春色"。

黑：翡翠中黑色部分的简称，有"墨黑""黑点""黑丝""脏""黑疙瘩""苍蝇屎""黑带子""黑星"等。

璞：翡翠外部的风化层部分，我国古代称为"璞"。

绺：翡翠中各种原因造成的裂痕裂纹。

翠性：翡翠特有标志，为翡翠中细小晶粒的纤维状、片状或星点状闪光，俗语"苍蝇翅"，是翡翠鉴定时的关键性特点。

烷翠：伪造品，一种人工加色的翡翠。

料石：伪造品，一种冒充翡翠的玻璃或烧料制品。

水头：翡翠的透明程度，常用"长"或"短"衡量好坏。

种：翡翠的绿色与透明程度的整合称呼，可分为老种、老新种和新种。

　　照映：翡翠绿色和地子之间辉映影响的一种关系。

　　立卧：即立性、卧性，常指翡翠绿色的一种方向性。

　　深浅：即深色、浅色，翡翠颜色的形容词，主要指色质。

　　浓淡：即色浓、色淡，翡翠颜色的形容词，主要指色量。

　　花匀：翡翠颜色均匀与否，均匀者为匀，不均匀者为花。

　　灵死：对透明程度而言，透明者为灵，不透明者为死；对照映特点来说，照映好为灵，照映坏为死。

　　阴阳：颜色鲜明而开放者为阳，颜色昏暗而凝滞者为阴。

　　头尾：颜色的方向与位置的形容词，色浓、强、硬、聚、宽者为头，色淡、弱、软、散、窄者为尾。

　　老新：翡翠质量的比较，色浓、水头长、有外皮者、外皮细者、绿色硬者为老，色淡、水头短、无外皮者、外皮粗者、绿色软者为新。

　　聚散：颜色特点的形容词，色硬、浓、头者为聚，色软、淡、尾者为散。

　　硬软：翡翠质量的比较，色浓、聚、质细、水头长、皮紧、表皮有绿色或凸起者为硬，色淡、散、质粗、水头短、皮松、表皮有绿色或凹下者为软。

　　松紧：翡翠质量的形容词，一般指翡翠块状集合体的粒度与密度，并含有一定程度的软硬区别。

　　正邪：颜色的纯正，绿色鲜艳无邪色者为色正，而绿色中泛有黄色、蓝色、灰色、黑色、油色者为色邪。

　　润木：翡翠质地与绿色水头较好者为润，翡翠质地与绿色水头较差者为木。

　　脏：翡翠绿色中的脏色、杂质或包裹物。

　　蔫：翡翠绿色特点的形容词，指颜色不鲜明而缺乏生气。

　　尖：翡翠绿色特点的形容词，指颜色极为鲜明而艳美。

　　艳：翡翠绿色浓淡的形容词，含有色浓水足的意思。

　　俏：翡翠绿色浓淡的形容词，含有颜色偏爱的意思。

　　瓷：翡翠绿色特点的形容词，含有如瓷一样细腻光滑的意思。

　　袍：翡翠原料外层同心状红色层，也就是红、黄翡，具有这种情况下的翡翠叫"穿袍"。

　　雾：翡翠原料外层同心状白色或灰色浸染层，亦称"皮包水"。

　　油：翡翠的一种特点，具有青菜油绿色的感觉，有油青、油黄、油绿之区别。

第二节　和田玉

虎形佩饰（西周）

长8.1cm，宽3.2cm，1984年山西省曲沃县曲村镇6214号墓出土。北京大学赛克勒考古与艺术博物馆藏。青玉质、色青绿、局部受沁有黄褐斑点。

以和田玉为主要玉材的玉器，是玉文化的主要载体，已伴随中华民族走过了至少7000年的历史。在这漫长的岁月中，从来没有其他器物如和田玉这样，具有如此旺盛的生命力。中国人对玉有着特殊的偏爱，许多人从未接触过玉器，第一次看到玉，不管这块玉的质量如何，都会从内心深处产生一种特殊的情感。玉器能为不同文化、不同民族和不同时期的人们所接受，可见其魅力所在。

佩饰和玩赏，是玉器的最初功能之一，也是玉器最广泛的用途。所以有"古之君子必佩玉""君子无故，玉不去身"之说。在古代，它不是简单的装饰，还表明了身份、风气，可以起到感情和语言交流的作用。

一、和田玉的颜色分类

和田玉的分类方法很多，但按照颜色进行分类比较常见。按颜色不同，可分为白玉、青玉、墨玉、黄玉四类，其他颜色的和田玉也可归入此四类中。

1. 白玉

白玉是和田玉中特有的高档玉石，硬度一般不大。世界各地的软玉中白玉极为罕见。白玉的颜色由白到青白，多种多样，叫法上也名目繁多。

白玉按颜色还可分为羊脂玉和青白玉。

（1）羊脂玉

羊脂玉因色似羊脂，故名。质地细腻，"白如截脂"，特别滋蕴光润，给人一种刚中见柔的感觉。这是白玉中最好的品种，目前世界上仅新疆有此品种，出产十分稀少，极其名贵。

（2）青白玉

青白玉以白色为基调，在白玉中隐隐闪绿、闪青、闪灰等，常见有葱白、粉青、灰白等，属于白玉与青玉的过渡品种。

2．黄玉

黄玉由淡黄到深黄色，有栗黄、秋葵黄、黄花黄、鸡蛋黄、虎皮黄等色。黄玉十分罕

白玉雕葫芦形鼻烟壶（清乾隆）

长5.5cm、宽3.5cm。北京市文物公司藏。烟壶为葫芦形、白玉质、阴刻花卉图案、风格清雅、线条流畅。

黄玉莲藕片佩（清）

见，在几千年探玉史上，仅偶尔见到，质优者不次于羊脂玉。

3．青玉

青玉颜色的种类很多，古籍记载有虾子青、鼻涕青、蟹壳青、竹叶青等。现代以颜色深浅不同，也有淡青、深青、碧青、灰青、深灰青等之分。和田玉中青玉最多，常见大块者。近年，见有一种翠青玉，呈淡绿色，色嫩，质细腻，是较好的品种。

4．墨玉

墨玉由黑色到淡黑色，工艺名称繁多，有乌云片、淡墨光、金貂须、美人须等。在整块料中，墨的程度强弱不同，深浅分布不均，多

见于与青玉、白玉过渡。一般有全墨、聚墨、点墨之分。

和田玉除上述四类外，古籍中提到的"赤如鸡冠"的赤玉，在昆仑山、阿尔金山均未见，只见具暗红皮色的子玉和具褐黄色的糖玉，其皮色薄，块度也小。古玉至今未见赤玉工艺品，所以不单独作为一个品种列出。

二、和田玉手串的价值和收藏

和田玉手串不仅可以把玩与鉴赏，而且还有很好的投资与收藏价值。不过，在收藏的过程中，一定要注意以下几个方面的问题：

（一）古玉辨伪

鉴定古玉应该着重于两个方面：一是辨明时代，二是判定真伪。要做到这两点，应该从下面几个角度着眼：

爱好者购藏玉件时，首先应看玉质和做工。因为玉质和做工是识别年代的主要依据。另外像纹饰、刀法等同样是鉴别朝代的佐证。除此种意义之外，还有一个重要作用就是判定真伪，确定价值，这才是根本的目的所在。

玉的做工也相当重要，古人用心专精，学艺做工时间又很长，所以有精湛的技艺、深厚的功力，古朴典雅、风格浓郁。其玉器做工体现在纹饰精美，刀法纯熟，线条流畅，远远超过

卧鹿（西周）
高4.8cm，长5cm，厚1cm，1984年山西省曲沃县曲村镇6214号墓出土，北京大学赛克勒考古与艺术博物馆藏。青玉质，有褐斑。鹿作伏卧回首状，以单线琢刻出眼、耳、鼻、嘴、腿和蹄等细部，线条简洁而造型生动。

70

螭虎纹佩（汉）

长8.9cm，1975年北京丰台区大葆台2号汉墓出土，北京市大葆台西汉墓博物馆藏。白玉质。圆形上部镂雕成缨花、中间镂雕一盘曲的螭虎。螭虎双面以阴刻线条琢刻，形象生动简朴。圆形边框刻有两圈弦纹、中间横刻双弧阴线。

当今的机雕工艺水平。

具有了这两条，此玉的价值就较高了。如果再是名工所制，学者、官家所用，价值就更高了。

但必须要注意的一个问题是玉的做伪。首先应该注意的是"料仿"，就是以玻璃仿造玉，由于仿造水平高，所以很能骗过行外人。

第一，料仿品往往过于均匀；第二，料仿品不会出现玉花、玉性这些玉固有的特征；第三，料仿品往往会有气泡；第四，它的温润及油质感是很"假"的，尽管有些料仿品的水平已经几乎乱真了。

这里有一个小诀窍，就是这种仿品一般也都有年头了，因为总会有些磕碰，凡断口残缺处都很容易见到玻璃光泽和质地的本来面目。

另外，需特别注意的是"以石代玉"。古人早有"佳石如玉"之说，如果就物理性能看，石和玉的主要区别就是硬度不同，而石有硬的，玉也有"柔"的，区别起来确很困难。所以，在购买时，既要考虑硬度，又要考虑温润；另外，平时要多留心玉的特征，遇有可疑，切勿轻易购买。

还有一些是以玉为基础做伪的。它用的是真料，但以白色岫玉仿白色和田玉，或在玉上造出种种"沁色"，买者一定要格外谨慎。

舞人佩（汉）

高5.2cm、最宽2.6cm，1975年北京丰台区大葆台2号汉墓出土，北京市大葆台西汉墓博物馆藏。白玉质，受土沁略呈黑色。扁平长方形，镂雕线刻舞人像。

（二）新玉的辨别

一是看颜色。颜色是评估玉品质最重要的因素。颜色达到匀、阳、浓、正的玉为上品。"匀"是指均匀；"阳"是指色泽鲜明，给人以开朗、无郁结之感；"浓"是指颜色比较深；"正"是指没有其他杂色混在一起。

二是看质地。玉是硅酸盐在高温和高压下形成的多晶体矿物，其组成晶体的大小，会直接影响到经过琢磨后的光滑程度、透明度及色调。因此，多晶体结构越细密，玉的质地就越好。

三是看透明度。透明度是与质地相辅相成的物理现象。质地越幼细，透明度就越高。如果玉的通透程度犹如玻璃一样，其内晶体的细密程度就可以使光线直透而不受阻挡。

四是看后天加工。玉被开采出来时只是和矿石一样，必须由经验丰富的专业工匠将石中的有色部分小心地切割出不同的饰物形状，然后加工打磨和雕琢，经抛光上蜡，才能到市场上出售。

五看裂纹。玉上的裂纹可能是在开采或加工期间造成。有了裂纹后，无论其颜色、质地和透明度如何好，都会影响到它的价值。有时裂纹在其表面并不明显，但在阳光下仔细观察

獬豸嵌饰（唐）

宽6.1cm，北京傅忠谟先生旧藏。羊脂玉。雕一高浮雕独角之牛，背面素平，是镶嵌饰。此件所雕独角之牛，正是獬豸的形象。其牛形浑拙雄壮，和韩滉《五牛图》中最末一匹颇为神似，在胸、腿弯和尾梢都刻密排短线，也是唐玉雕特色，可证是唐作品。

就可看到。尤其是被漂白褪色或被染色的玉，裂纹皆为常见现象。

在辨别玉质量的同时，还要防止人造仿玉的以假乱真。人造仿玉是用玻璃、塑胶等材料染色后制成。玻璃仿玉大多内含气泡，颜色与真玉有别。

当然，玉在鉴别方面的文章很多，不是一朝一夕就可以学好的，但只要掌握了大的原则，再有一定的实践经验，判定真伪优劣还是可以做到的。

六瓣花形环（金）
直径4.9cm，1980年北京丰台区王佐公社金代乌古伦窝伦墓出土，首都博物馆藏。白玉质，色莹润、平雕六瓣花式。正面外缘微凸起脊，背面扁平。出土后仍保持极好的光亮度。

三、和田玉手串保养6法

和田玉是有生命的，收藏和赏玩和田玉的人都像爱护孩童一样精心"养护"自己的美玉。不过，如果不注意盘养，就很有可能伤了自己的美玉，所以一定要非常留心才行。

缠枝竹节佩（金）
长6cm，宽5cm，1974年北京房山县长沟峪金代石樽墓出土，首都博物馆藏。白玉质，洁白莹润无瑕、光亮度好。此器通体镂空、可系佩。竹子是南方生长的植物，在北方金代玉作中极罕见。这是迄今所知最早以竹为饰的出土玉器。

1．避免与硬物碰撞。

和田玉的硬度虽高，但是受碰撞后很容易开裂，有时虽然用肉眼看不出裂纹，其实玉内部的分子结构已受破坏，有暗裂纹，这就大大损害了其完美程度和经济价值。

2．尽可能避免灰尘。

手串表面若有灰尘的话，宜用软毛刷清洁；若有污垢或油渍等附于手串表面，应以温热的淡肥皂

鳜鱼佩（元）
长6.9cm、宽3.7cm，北京市文物公司藏。白玉质，微泛黄色。圆雕片状鳜鱼。

水洗刷，再用清水冲净。切忌使用化学除油剂。如果是雕刻十分精致的收藏，灰尘长期未得到清除，则可请生产玉器的专业工厂、公司清洗和保养。

3．尽量避免与香水接触。

籽玉和古玉有一个转化的过程，需要人的体温帮助，汗液会使它更透亮，所以籽玉和古玉可与汗液多接触，因为人的汗液里含有盐分、挥发性脂肪酸及尿素等，可使籽玉和古玉表面脱胎换骨，愈来愈温润。

而新玉器接触太多的汗液，却会使外层受损，影响其原有的鲜艳度，尤其是羊脂白玉雕琢的器物，更忌汗和油脂。很多人以为和田玉愈多接触人体愈好，其实这是一种误解。羊脂白玉若过多接触汗液，则容易变成淡黄色，不再纯白如脂。

4．不用时要放妥。

最好是放进手串袋内，以免擦花或碰损。如果是高档的和田玉手串，切勿放置在柜面上，以免积满尘垢，影响透亮度。

5．擦拭的时候，要用清洁、柔软的白布抹拭，不宜使用染色布或纤维质硬的布料。

6．和田玉玉器所处的环境要保持适宜的温度。因为玉

绳纹手镯(1对)（明)
直径7.4cm，私人收藏。白玉质，莹润无瑕。一块玉料对开琢成一副手镯。合股绳纹均匀，简练中有一种质朴的美。

质要靠一定的温度来维持，缺少温度和亮度就会失去其收藏的艺术和经济价值。

和田玉＋翡翠串饰(清中期)

四、和田玉手串的盘玩与禁忌

和田玉手串的盘玩是玉器收藏者最大的乐趣之一。想想看，贴身而藏，精心呵护，经过天长日久的盘玩佩戴，玉就像是蝴蝶经过蛹的挣扎，逐渐蜕去了粗糙的土壳，恢复了往昔的灵性、润泽、色彩，灿烂光华绽放在掌心，那种成就感是无可取代的。

盘玉非常讲究，一旦盘法不当，一块美玉就会毁在自己的手上，所以收藏家们盘玉时格外的小心谨慎。清代大收藏家刘大同在其著述《古玉辨》中明确提出了文盘、武盘、意盘的概念，被以后的收藏家们奉为圭臬。

1. 文盘

将手串放在一个小布袋中，贴身而藏，用人体较为恒定的温度，一年以后再在手上摩挲盘玩，直到玉器恢复到本来面目。文盘耗时费力，往往三五年不能奏效，若是入土时间太长，盘玩时间往往十来年，甚至数十年，清代历史上曾有父子两代盘一块玉器的佳话。南京博物馆藏一件清代出土的玉器，被盘玩得包浆锃亮，润泽无比，专家们估计这一件玉器已经被盘玩了一个甲子(60年)以上。

2. 武盘

所谓武盘，就是通过人为的力量，不断地玩，以祈尽快达到玩熟的目的。这种盘法玉器商人

仙人乘槎纹佩 (清)
长6.1cm，宽4.8cm，北京艺术博物馆藏。白玉质，细润无瑕。

采用较多。玉器经过一年的佩戴以后，硬度逐渐恢复，就用旧白布（切忌有颜色的布）包裹后，雇请专人日夜不断地磨擦，玉器磨擦升温，越擦越热，过了一段时期，就换上新白布，仍不断磨擦，玉器磨擦受热的高温可以将玉器中的灰土快速逼出来，色沁不断凝结，玉的颜色也越来越鲜亮，大约一年就可以恢复玉器的原状。但武盘稍有不慎，玉器就可能毁于一旦。

3. 意盘

意盘是指将玉器持于手上，一边盘玩，一边想着玉的美德，不断地从玉的美德中吸取精华，养自身之气质，久而久之，可以达到玉人合一的高尚境界，玉器得到了养护，盘玉人的精神也得到了升华。意盘与其说是人盘玉，不如说是玉盘人，历史上极少能够有人达到这样的精神境界，遑论浮躁的现代人了。

意盘精神境界要求太高，武盘须请人日夜不断地盘，成本太大，现代人大多采取文盘结合武盘的方法，既贴身佩戴，又时时拿在手中盘玩。不过无论采取什么样的盘玉方式，新坑玉器不可立马盘玩，须贴身藏一年后，等硬度恢复了方可。

盘玉的禁忌很多，忌跌、忌冷热无常、忌火烤、忌酸、忌油污、忌尘土、忌化学物质。如果是意盘，还忌贪婪、忌狡诈。所以，那些用各种化学药剂、烟熏火烤盘玉是暴殄天物，应该受到爱玉之人的唾弃。

五、精品鉴赏与参考价格

白玉手串
参考价格：5,000元

白玉手串
参考价格：6,000元

碧玉配象牙念珠
参考价格：5,000元

碧玉手串
参考价格：3,000元

碧玉配蜜蜡手串
参考价格：4,000元

墨玉手串
参考价格：4,000元

水晶手串

水晶，古代称之为水精，即水的精华，此外还有水玉、白附、玉晶、千年冰、菩萨石、放光石等。古希腊著名哲学家亚里士多德也认为，水晶是由冰逐渐演变而成。

水晶是美丽的结晶，晶莹闪亮，历来为人们称颂和钟爱。唐代韦应物曾这样咏赞它"映物随颜色，含空无表里。持来向明月，闪烁愁成水"。真把水晶美妙的特点写绝了。清代七品县太爷的顶子，就是一颗闪闪发亮的水晶，它被视为一种安邦定国的吉祥宝物。

长期以来，水晶以其晶莹透明、温润素净而被人们视为圣洁之物，并相信戴之能"御邪魅，斥鬼神"，是吉祥之象征。水晶饰品清凉艳丽，夏天佩戴给人增添凉爽之感，解除炎暑之烦躁。据我国明代李时珍的《本草纲目》记载："水晶性寒、无毒，主治惊悸、赤眼、心热等疾病。"所谓"心热"即是心慌、胸闷，"赤眼"是指红眼病，所以水晶被人们称为健康之石。

一、水晶的分类与鉴别

按照颜色、形态和物理性质的差异，天然水晶可以分为以下几大类：

1. 白水晶：无色，透明如水的晶体。
2. 紫水晶：含三价铁和锰，呈紫色透明或半透明晶体。
3. 烟水晶：俗称茶晶，呈烟黄色或烟褐色的透明晶体。
4. 墨水晶：墨黑色，含有机质的半透明晶体。
5. 黄水晶：含二价铁呈黄—红—橘黄—褐色透明晶体。
6. 蔷薇水晶：含Ti等微量元素，显蔷薇浅玫瑰色的质密块状体，又称芙蓉石。
7. 草入水晶：又称发晶，含有金刚石、角闪石、电气石等针状包裹物。
8. 绿水晶：含阳起石针状包裹物。
9. 彩虹水晶：含有细小气泡淬体充填裂隙的，这些裂隙通过干涉光产生彩虹。

银座水晶佛塔(辽)
通高7.6厘米，塔座最大直径6.5厘米。顺义城南净光舍利塔基出土。

水晶如何鉴别呢？作为普通消费者，可以用下面三个比较简单的方法试一试。

一是试硬度，由于天然水晶硬度较玻璃高，可以在玻璃上划出印痕，而自己毫无损伤；

二是试凉感，在大夏天，天然水晶握在手上也有明显凉感，不似玻璃发热；

三是看外观，一般可见天然水晶内有云雾状天然物质，如是发晶还可见毛发状物质。

当然，要非常准确地鉴定水晶，还需要专

业人员和专业设备。

二、水晶手串的选择之道

1. 看选料

选料精良的水晶制品，应看不到星点状、云雾状和絮状分布的气液泡体。质地以纯净、光润、晶莹为好，如果发现有深浅不一的断裂纹、斑点，则属于次品。

紫晶小兔(清乾隆)高2.8cm。密云县董各庄清皇子墓出土。首都博物馆藏。质材为水晶，浅紫色、透明、呈玻璃光泽。

2. 看做工

水晶制品加工过程分为两种，即磨工和雕工。一般来说，水晶手串属于研磨品，应当格外注意其磨工。简而言之，一件做工好的水晶手串应当考究精细，不仅能充分展现出水晶制品的外在美(造型、款式、对称性等)，而且能最大限度地挖掘其内在美(晶莹、巧色)。

3. 看抛光

抛光的好坏直接影响到水晶手串的身价。水晶在加工过程中须经过金刚砂的琢磨，粗糙的制作会使水晶表面存在磨擦的痕迹。一件好的水晶制品自然透明度、光泽都比较好，按行话说，就是应当"火头足"。

4. 看孔眼

对于缀穿水晶制品(如手串、手链、佛珠等)，一定要注意看其孔眼是否平直，孔的粗细是否匀称，有无细小裂纹。孔壁必须清澈透明，无"白痕"。只有满足了上面的这些条件，才能说这种手串是比较到位的。

5. 看颜色

即使在同一种类的水晶手串之中，它的不同部位的纹理、色泽也各有千秋。属于单色的，要色度均匀；在同一块水晶上有深浅的，则要求其色调纹路美观大方。

6．看协调

在购买水晶手串的时候，一定要试戴一下，看其大小、松紧、长短。如是镶嵌饰物，还要看其是否牢固、周正和协调统一。还应注意水晶手串的款式、色彩是否与自己的身材、肤色、脸型和服装协调。

三、水晶手串的功效

白水晶：有聚焦、集中、扩大、记忆的功能，是所有能量的综合体，称晶王，可净化全身，祛除病气，趋吉开运。

水晶天鸡式卷耳瓶(清)长23cm，宽7.5cm，高16.5cm。

紫水晶：开发智能，平稳情绪，增进人际关系，可带给旅行者勇气与力量，并防危险的发生。代表高洁坚贞的爱情，常作为情侣的定情石。

黄水晶：强化肝肠胃及消化器官，尤治胃寒。

绿幽灵水晶：强化心脏功能，平稳情绪，有高度的凝聚力。

发晶：磁场能量较强，可增强胆识，加强一个人的信心及果断力，能带给人勇气，可助人投射出权威的能量，有助于领导人命令的贯彻与执行。可祛病气，对筋骨、神经系统有帮助。

粉晶：可促进情感发达的宝石，可帮助追求爱情，把握爱情，享受爱情的宝石。

茶墨晶：促进再生能力，使伤口愈合更快，增强免疫力，活化细胞，恢复青春，有返老还童的功效。

海蓝宝：含地、水、火、风四大元素，具强大的治疗、净化、灵通力量，是最具疗效的水晶。

绿琉璃：是一种保平安的护身符，代表和平、愉悦与幸福；有益于与人建立良好关系，可加强勇气，并化解他人蓄意的排斥。具强大

的净化功能，可舒缓牙痛及喉咙气管方面的毛病。

孔雀石：能治喉咙及气管相关疾病，能改善肉眼视力，提升高贵清新、温文尔雅的气质，使人轻松自然地去接受新的感情能量。给小朋友佩戴可保平安健康，并促进发育。

橄榄石：绿色能量可平稳紧张、焦躁、郁闷的心理，也可使睡眠安稳。可激发一个人冒险接受挑战的勇气，可促进性格上的成熟。

紫晶洞：紫晶洞内部晶柱密集，彼此能量共振有强大的凝聚作用，是最佳的风水石。

四、水晶手串的把玩之道

如今，水晶手串的款式、造型、纹饰、创意及做工等都有很大改进，更加强调其吉祥性、玩赏性和艺术性。人们在观赏、把玩的过程中获得精神和文化的享受，特别是闲时触摸玉饰往往产生一种舒适、高雅的情趣，使人感到无比的喜悦、兴奋和满足。

另外，手串作为礼品、信物、吉祥物等广泛应用于人们日常生活和各种交往之中，是亲戚朋友之间表示爱心、感情、良好祝愿或祈求平安的馈赠佳品。

不过，由于水晶具有吸收外界信息及情绪的能力，所以在第一次佩戴的时候，请您务必将内在信息归零，这样才能真正培养属于自己的水晶手串。下面给大家介绍几种简单易行消磁净化的方法：

方法1

将水晶手串冲洗3～4分钟，然后抹干，置放于露天之地。如果是首次净化，最好反复动作3次以上。

方法2

将水晶手串放在玻璃器皿中，用海盐覆盖24小时后，将水晶手串

冲洗干净，放置阳光下3～4小时，让它回复生命力。

方法3

将水晶手串放在水晶手串簇(或者紫晶洞)上，让晶簇(晶洞)发出生生不息的振动能量，清除水晶手串噪声及为它重新充电，效果极佳。

方法4

将水晶手串埋入未受污染的洁净土中，最少3天。为了避免泥土弄脏水晶手串，可用透气之纤维布料包扎再埋入。

方法5

将水晶手串放在海水或溪流中，让大自然灵气直接冲洗，效果更佳。但切记勿放入污染的水里，否则将反遭污染。

相信用上述任一方法净化后，你就可以安心地冥想和佩戴了。同时，要注意各种水晶的适当净化方法，以免破坏水晶。另外，水晶手串要经常清洗，可以有效地保持水晶内在的能量。

五、精品鉴赏与参考价格

碧玺手串
参考价格：6,000元

碧玺手串
参考价格：12,000元

碧玺手串(局部)

碧玺手串
参考价格：2,000元

碧玺手串
参考价格：2,000元

福(红)禄(黄)寿(绿)碧玺手串
参考价格：1,000元

绿发晶手串
参考价格：1,300元

石榴石手串
参考价格：300元

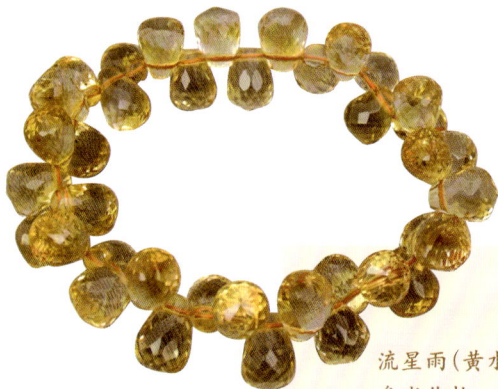

流星雨(黄水晶)手串
参考价格：500元

维纳斯金发手串
参考价格：12,000元

钛晶手串
参考价格：3,000元

黑发晶手串
参考价格：1,600元

绿幽灵手串(小)
参考价格：1,200元

绿幽灵手串(大)
参考价格：2,800元

黄水晶手串
参考价格：5,800元

红铜发晶手串
参考价格：3,600元

紫黄晶手串
参考价格：700元

水晶串手串
参考价格：1,600元

流星雨手串(紫黄晶)
参考价格：500元

黄水晶手串
参考价格：2,000元

紫水晶手串
参考价格：2,200元

紫水晶手串
参考价格：2,000元

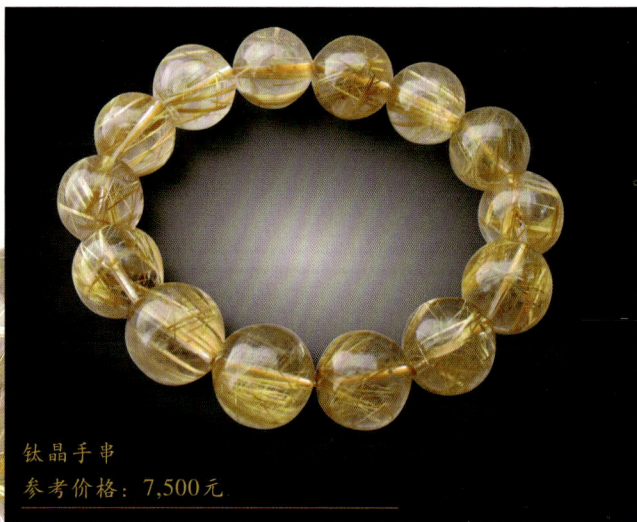

钛晶手串
参考价格：7,500元

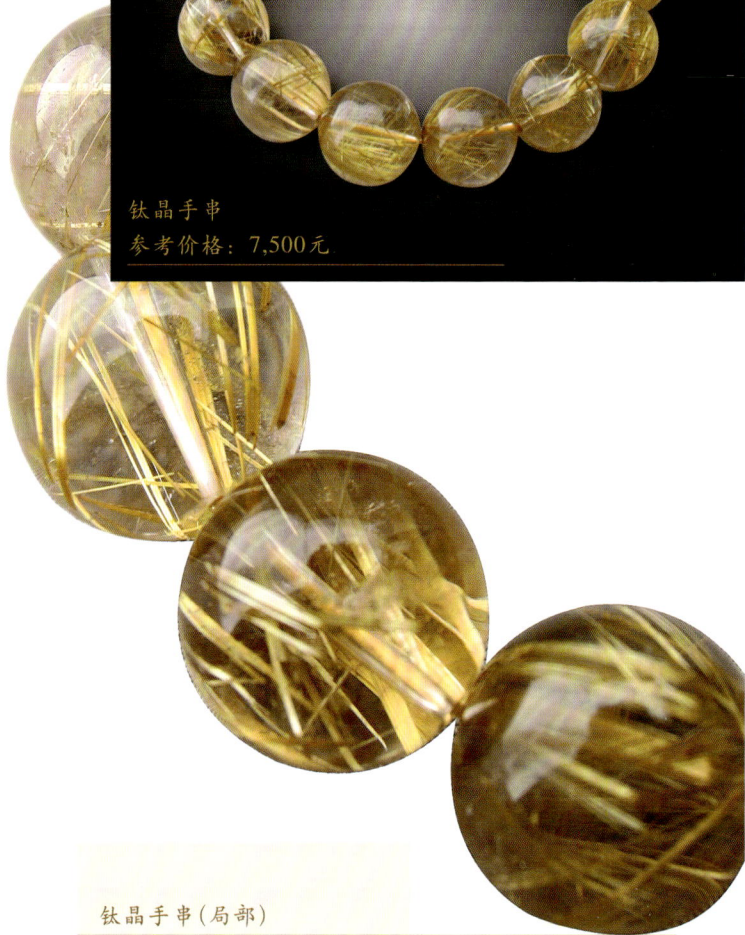

钛晶手串（局部）

星座水晶

摩羯座
(12.22—1.23)　　白水晶
巨蟹座
(6.22—7.22)　　白水晶
水瓶座
(1.20—2.18)　　茶晶
双鱼座
(2.19—3.20)　　粉晶
狮子座
(7.23—8.22)　　发晶
处女座
(8.23—9.22)　　紫水晶
牡羊座
(3.21—4.20)　　紫黄晶
天秤座
(9.23—10.22)　　粉晶
金牛座
(4.21—5.20)　　绿幽灵
天蝎座
(10.23—11.21)　　钛晶
双子座
(5.21—6.21)　　黄水晶
射手座
(11.22—12.21)　　紫水晶

水晶手串

陆　木质手串

　　随着人们越来越希望贴近自然，现代人除了珍贵的玉石、琥珀之外，还常常选用一些木质材料做成的手串。这样的手串虽然价格相对较低，但并不粗俗，反而另有一番趣味。

　　同时，由于这一类的手串很容易保养，基本没有什么需要特别注意的地方，因此更为人们所喜爱。

　　如今，在市场上常见的木质手串中，多为以下三大类材质：

　　1. 红木类：重要的有紫檀、花梨木、香枝木、黑酸枝、红酸枝、乌木和

96

紫檀随形臂搁（清乾隆）

长32cm，宽7.5cm。北京市文物公司藏。臂搁为紫檀木留皮，利用树皮内层的纹理和木芯的抱合，黑黄两色对比强烈，自然古拙，线条优美流畅，包浆光润。

鸡翅木。

2．楠木类：主要是金丝楠木等。

3．沉香类：确切地说，沉香并不属于木质类，而是一类特殊的香树"结"出的，混合了油脂（树脂）成分和木质成分的固态凝聚物。一般市面上常见的沉香，大多是由马来沉香树、莞香树、印度沉香树等形成的。

当然，木质类手串多种多样，很难有一个确切的范围。本书提及的，只是一些最为常见的种类而已。

紫檀木雕云磬纹盒（清）

长16.8cm、宽16.8cm、高19.2cm。北京市文物公司藏。盒四方削角、于四个立面剔地浮雕磬及云纹，"磬"代表吉庆、"云"象征高升吉祥。面、底与立面间对称地饰一莲瓣纹。流畅的线条、讲究的磨工、规矩而不俗的形式。

一、红木类手串的鉴别和保养

相对而言，由于紫檀、黄花梨木和红酸枝最为珍贵，在市面上也比较常见，所以在这里重点介绍一下这几种手串的鉴别和保养。

（一）鉴别

1．紫檀

古人云："人分三六九等，木分花梨紫檀。"根据史书记载：紫檀，过去中国云南、缅甸曾出现，现已绝迹。只有印度南部还有少量出产，极为珍稀。印度紫檀，俗称"小叶檀"。一般金星多的，俗称为"金星紫檀"；比重稍小，金星少，俗称为"牛毛纹紫檀"。紫檀色泽为紫红或红褐色。大部分紫檀中间都是空的，故此有"十檀九空"之说，由于出材率极低，因而很有收藏价值。

在鉴别的时候，要注意两个方面：

a．正宗的小叶紫檀木色红棕，质地坚硬异常，水不能浮。因此，用酒精棉球在上面轻擦，若呈紫红色，就很可能是紫檀。

　　b．真正的印度小叶紫檀，新的时候颜色是红的，上有一圈圈的木纹，非常好看。经过一段时间的把玩后，颜色会逐渐变深。和非洲紫檀比，正宗的印度小叶紫檀紫中有花纹，油润不干；而非洲紫檀则是死黑一片，没有光泽。

　　2．海南黄花梨

　　海南黄花梨亦称"降压木"，《本草纲目》中叫降香，其木屑泡水可降血压、血脂，做枕头可舒筋活血。黄花梨极易成活，但极难成材，一棵碗口粗的树可用材仅擀面杖大小，真正成材需要成百上千年的生长期。其木质坚硬，是制作古典硬木家具的上乘材料。

　　据记载，早在明末清初，海南黄花梨木种就濒临灭绝，此后的数百年里，我国70%的黄花梨木家具均流往国外，国内仅存的少量黄花梨木被用于房屋建造、制成锅盖、算珠甚至锄把，散落民间，面临损毁。

　　目前市场上常见的黄花梨品种产自越南，但与海南黄花梨相比，价低达十倍。据行内人士介绍，在鉴别的时候，要注意从以下几个方面着眼：

　　a．相对而言，海南黄花梨纹理（棕眼）细，越南黄花梨纹理粗一些。

　　b．海南黄花梨味道大一些，即所说的降香，而越南黄花梨香味略小。

　　c．海南黄花梨纹理好，鬼脸多，即所谓的虎皮纹，越南黄花梨相对差一些。

花梨木雕竹石笔筒（清初）

口径23.6cm、高23cm。北京市文物公司藏。黄花梨木质，整体为仿竹节式，形状逼真，筒身雕竹叶婆娑，竹枝挺括，做工极为精细老到，空白处刻录祝允明手书诗文一篇。

d．颜色上二者也有区别，海南黄花梨颜色深一些，越南黄花梨浅一些。

e．黄花梨木的特点是不沾色，染色后很容易擦掉。

3．红酸枝

如果手串的木质为红酸枝，那么在鉴别的时候，只要把握下面两点，应该就可以了：

a．看纹理。一般说来，颜色深的红酸枝密度大，年轮紧，纹理清晰而顺直。而颜色浅的红酸枝相对密度小，年轮松散，有些发暗，表面看上去像有一层雾气。

b．看黑筋。深颜色的红酸枝黑筋多而明显，和它的枣红底儿黑红分明。而浅颜色的红酸枝较少有黑筋，即使有也不如前者明显。

(二)保养

1．红木与一般木质有所不同，它宜阴湿，忌干燥，因此红木手串特别不宜受到暴晒，切忌空调对着红木类手串吹风。

2．要经常注意防止碰伤碰裂。

3．防止酒精、香蕉水等溶剂倒翻，否则会使手串表面长"疤"。遇到手串表面染上污垢时，要用轻度的肥皂水洗净。切忌用汽油、煤油、松节油等溶剂性液体擦，否则会失去红木类手串的特有光泽。

二、金丝楠木手串的鉴别和保养

楠木有三种：一是香楠，木微紫而带清香，纹理也很美观；二是金丝楠，木纹里有金丝，是楠木中最好的一种，更为难得的是，有的楠木材料结成天然山水人物花纹；三是水楠，木质较软，多用其制作家具。目前市面上，金丝楠木手串最常

见，但假的也最多。

鉴别

1. 金丝楠木侧光观看的时候，应该能够看到缕缕金丝。若能，则有可能是真的；反之，则肯定是假的。

2. 由于金丝楠木材质的光泽很好，所以把玩的时间越长，手串就会变得越亮。

3. 金丝楠木的木质坚硬，不易变形，而且千年之内不腐不蛀。所以，如果手串有一段时间没有把玩，绝对不会出现被虫蛀的现象。

三、沉香手串的分类和鉴别

沉香，又名"沉水香""水沉香"，古语写作"沈香"（沈，同沉）。古来常说的"沉檀龙麝"之"沉"，就是指沉香。沉香香品高雅，而且十分难得，自古以来即被列为众香之首。

沉香木为一种品香的木材，闻其香气可刺激中枢神经平衡情绪，能行五、通六脉、静心醒脑、降心火肝火、治呼吸不顺，是医学上的名贵药材。

质地坚硬、油脂饱满的沉香还是上等的雕刻材料。沉香雕品古朴浑厚，深沉润泽，别具风韵。沉香对雕工的技艺要求很高，其硬度远大于木材，而且又凝聚了油质和木质两种材料，质地不匀，不易雕琢，所以好的沉香木雕手串极

沉香木雕观音像（明）
宽11.6cm，高26cm。北京市文物公司藏。像圆雕而成。观音高挽发髻，别如意形发簪。眉间有白毫，双眼下视，鼻尖挺，口略小。身披长袍，下着衣裙。胸前璎珞，左手托宝珠，右手搭于右膝上。自由坐于莲蓬荷花木座上。黑褐色的木质越发使此像显得肃穆。

为珍贵。

沉香木乃贵族之用品，他们把沉香木当作调养保健圣品及古董收藏，作为财富的象征。沉香能辟邪、造福、开运、旺气、长寿。古代后宫贵族、大宇寺庙，视其为其镇宅、镇寺庙之宝。香道家更加不可或缺，祈神、降灵、打坐、参禅、驱邪熏修之必备珍宝，因此拥有沉香是福分圆满的象征。

（一）分类

沉香手串的一级品，一般来说沉香的级别和手串的级别是没有区分的。一般来说越南也把最珍贵的那种奇楠一级品的沉香当成了最高等级，但可以这么说，一级品是不能作

沉香木雕云蝠杯(明)口径7.5cm，高8.2cm。北京市文物公司藏。杯身满雕纹饰：涡状的云纹似翻腾的海浪，群蝠穿行其间，或露头或裹于云中。拙而流畅的刀法，显示出作者高古脱俗的雕刻功力。

为手串的原料的，因为其质地软，比较容易变形损坏，所以不适合作为手串。可以这么说，即使是被鉴定为一级品的手串，也不是完全使用奇楠一级品。其珠子其实还是那种坚硬的沉香木。所以手串的一级品并不是指沉香就是一级品，而是指最好的沉香手串。

沉香手串的二级品，大家一定说这个是最常见的了，其实这个也是很珍贵的沉香手串，并不常见，区别于市场上成为二级品的沉香手串。在论述沉香手串的级别前。我们先借用台湾从业者的分类看看沉香的成因。

第一种因年代及自然因素倒伏，经风吹雨淋后，剩余不朽之材，称为"倒架"。

第二种倒伏后埋于沼泽，经历生物分解，再于沼泽区捞起者，称为"水沉"。

木雕门扇局部(清)

第三种倒后埋于土中，受微生物菌分解腐朽，剩余未腐部分称为"土沉"。

第四种为活体树经人工砍伐，置地后经白蚁蛀食，剩余之部位称为"蚁沉"。

第五种为活树砍伐所采摘者，称为"活沉"。

第六种为树龄十年以下者，已稍具香气，称为"白木"。

从上可以看到，第一种到第三种都是死沉香，自然状态就能散发出不同的香味来。第四到第六种为生沉香，只有点燃才会散发出香味来，是作为宗教的高级供香制品的最好原料，也是最珍贵的原料。

(二)鉴别

第一种"倒架"，一般被认为是最好的沉香，分布在一级或二级的分类里。可以说倒架都经过优胜劣汰筛选出来的，剩下的都是最好的部分。所以一般倒架的沉香手串不是一级就是二级。

第二种"水沉"，这类沉香一般产自沼泽，分布有一级二级到三级，级别涉及很广，要好好地讲解一番。

二级沉香手串，越南人称为A货，以下是水沉的A货鉴别。

(1)看：沉香的表面毛孔细腻的才是A货，凡毛孔粗大的为B货(三级品)。和一级到三级都是黑色的土沉不同，一般水沉只有最好的一级品才是黑色的，水沉A货一般是黑褐色的，也有暗青黄颜色的，如果有人向您展示一串黑颜色的沉香手串说是水沉的二级品，一般这么说的只是以次充好者或自己也不知道者。

(2)闻：这个是最重要的鉴别手段。

第一个主要的判断手段就是"钻"，什么是钻？就是沉香的味道是钻的，钻到您的鼻孔里，真的沉香的味道应该是感觉味道是沿着线丝状的路径钻到您的鼻子里去的，只要您点燃活沉香，仔细地看它的烟的路径就知道，烟是丝丝散发的。如果您闻到的味道不是钻进来的，起码能说明这个手串不是二级品，要结合其他因素考虑其价值。

第二个判断的手段是"透"，一般购买沉香手串都附送一个塑料的袋子，这个袋子是密封不透水的，这个时候您把沉香装到袋子里，封紧，真正的沉香味道是可以透过这个袋子的。

第三个判断的手段是"放"，如果您有条件，可以放在枕头的旁边，夜间您放松的睡眠中，可以闻到味道是一阵一阵的，有间歇的。如果是假货，味道则不是一阵一阵的。

（3）摸：水沉的二级品看起来好似有层油（A货也有，但不明显），但摸着不脏手，感觉也不油腻的。如果是假货则这个油会在您手上留下脏脏的印记。

（4）沉水：可以拆一颗珠子下来，拿一杯纯净水放入，可以看到沉香迫不及待地往杯子的底部下沉，但此法不科学，只能算判断的一个条件。因为紫檀的佛珠也会沉水，生沉香有的也是沉的，反而是最高等级的奇楠是半沉半浮的。所以这个方法只能作为参考，不能作为标准，准确点的还是要闻。

第三种是"土沉"，越南的沉香出自原始的沼泽，有的沼泽表面部分已经干了，而底部却还湿润。同一块沉香，上面部分是土沉，下面部分是水沉也不奇怪。所以有时候土沉和水沉分界不是很明显，硬要分的话也只是功效和味道有差异。

二级的"土沉"手串的鉴别：

沉香木雕云龙纹如意（清乾隆）
通长49.6cm、宽14.6cm。北京市文物公司藏。如意的正面满浮雕云龙纹、柄的背面阴刻隶书并填金诗文：诚堪乐永日、益视寿如川。诗句上方为"御制"二字、下方是"臣于敏中敬书"，为清宫造办处所制御用之物。

（1）看："土沉"一般通体都是黑色的，只有三级以下才是黑灰色的。一般二级的已经很黑了，达纯黑的级别，灰点的都该判断为三级的。另外二级的毛孔比较细腻，但二级的土沉是不如二级的水沉那么细腻，但二级土沉的毛孔可见有少许油脂覆盖，对于二级土沉的毛孔不能要求和二级水沉那么细腻。

（2）闻：二级土沉，味道厚而重，有醇厚的感觉，不能太烈，太烈的话有可能是蚁沉冒充的，味道好似中药。关于二级土沉也可以用判断水沉的"钻""透""放"来判断，土沉的味道钻的感觉应该没水沉那么细，但透是肯定要透出来的，放的话土沉的味道是不间歇的。

（3）摸：土沉的即使是A+的货色也没有油脂的反光的感觉，摸珠子表面可以感觉凹凸，那是油脂堆积在毛孔口的感觉。

（4）沉水：土沉的沉香也沉水。

沉香手串的三级品，一般是指含油量低的沉香手串。特点是味道不浓，闻之清淡。毛孔一般都比较大，水沉的情况会好点，毛孔还是比较细腻。土沉一般就可以看见明显的毛孔了。三级的水沉和三级的土沉都是黑灰色的，区别只在水沉毛孔比较细腻。三级品的味道不能透过塑料袋。三级品还是非常适合佩戴的，价值也很高，其木头干而硬，味道虽然没那么香但也含蓄，很多年轻人都喜欢这样的清香感觉。这也是市场最普遍的货色，经常没见二级品的就把它当成二级品了。

至于活沉香，最好的是蚁沉。所谓的蚁沉，其实大多不是蚂蚁导致的，一般是虫咬食树木，树木即使被砍伐后，仍然有一定的生命力，分泌出树脂愈合伤口。

一般蚁沉制作成手串只有一个目的，就是冒充二级或三级的土沉，一般来说蚁沉只有燃烧的时候，才会有味道散发出来，但可以采用一种秘密的配方，浸泡后自然状态也能散发出味道，甚至比二级的土沉还要香。不过这也算是一种正宗的沉香，只是以次充好罢了吧。

次之为"活沉"，但活沉一般不做成手串，所以不在今天讨论的范围内。

最差的是白木，其实白木还是有一定的药用价值的，但很多白木制作成的手串都被浸泡了药水，当成二级的土沉出售，这反而使白木失去了本身的价值，而沦为一个骗人的货，特点是颜色很黑，珠子的毛孔却粗大，看上去有油光，也有干裂的现象（除非刚做出来的没有），味道浓烈但刺鼻，特别是和正品的手串摆在一起更是区别明显。

四、精品鉴赏与参考价格

沉香手串
参考价格：1,500元

沉香手串
参考价格：1,600元

沉香配蜜蜡手串
参考价格：2,000元

樟木手串
参考价格：100元

红木手串
参考价格：150元

红木手镯手串
参考价格：150元

红酸枝手串
参考价格：100元

红木手镯手串
参考价格：150元

阴沉金丝楠手串
参考价格：160元

阴沉金丝楠念珠
参考价格：350元

金丝楠手串
参考价格：160元

沙沉金丝楠木念珠
参考价格：600元

黄花梨手串

参考价格：150元

绿檀手串

参考价格：120元

绿檀手串

参考价格：200元

小叶紫檀念珠
参考价格：150元

小叶紫檀念珠
参考价格：360元

小叶紫檀手串
参考价格：150元

柒 树子手串

树子种类繁多，可以作为手串材料的，更是难以胜数。我们在市面上常见的，主要是各种类型的菩提子手串。此外，莲花子、金刚子等也不少。

在本书中，我们将以各种菩提子手串为重点，并在精品鉴赏中介绍一些其他的树子。需要注意的是：这一类的手串，大都和佛教有关，所以在把玩和鉴赏的过程中，多读一些这方面的书籍，将会对理解手串的文化底蕴有很大的帮助。

一、菩提子手串的种类和鉴别

当年佛祖在菩提树下成正等正觉，菩提子便有成就菩提之意。而据佛经记载，用菩提子念佛，可获无量倍功德。因此菩提子成为最广泛使用的

法器之一。无论显、密都是如此，只不过显宗用星月菩提多一些，而密宗则用凤眼菩提多一些。

菩提子，并非指菩提树之果实。它产于雪山附近。其树属一年生草本，春天生苗，茎高三四尺，叶如黍，开红白花，呈穗状；夏秋之间结果，圆而色白，有坚壳，如珐琅质，俗用为念佛之数珠，故称菩提子。

木本者为其别种，我国只有天台山，称为天台菩提。其质地坚硬，历久不变，而且越用越光泽，新珠色淡黄，使用久则色由浅变深，成为赤、黑色兼杂者，品质甚高。

菩提子本身有多种，按其表面的斑纹及颜色不同而命名为下面这些种类：

星月菩提：指每粒菩提子上均有一个大点和许多小点，

凤眼菩提有着古朴精致的褐色，每一粒上面都有一颗美丽优雅的眼睛。我很喜欢这一串凤眼菩提念珠，每一回数它的时候，心念就飞升到空明纯粹的世界，仿佛走在精致优雅的路上，一路上有花皆香，有树皆绿，风里流着音乐，云都散得干净。这美丽的凤眼菩提子，除了念的清净还象征着什么呢？

我想，它是在启示我们应该具有独特的非凡之眼、美丽之眼、智慧之眼、悲悯之眼、宽容之眼来注视无常的人间，才能使我们活得自在光明，不怀丝毫憾恨。在这几年，我的心里一直有着一串凤眼，借着这凤眼我才能有一种平淡安闲的心情来纵观人间的烦恼，让每一个烦恼都化成智慧的清凉，并且带来更深的深思与觉悟。

—— 林清玄

树子手串

如众星捧月。

凤眼菩提：每柱上均有一凤眼。凤眼象征祥瑞，用凤眼菩提制成的佛珠是密宗修炼者必不可少的法器之一。照密宗之理，修某尊法，须用某种念珠。譬如观音法用水晶，或用菩提子念珠；修长寿佛法，用珊瑚念珠；修金刚法，用金刚子念珠，功德最大。法门甚多，所用念珠种类亦甚多。最好有一串凤眼菩提子念珠，修一切法均可通用，功德最大。

龙眼菩提：每粒上均有一个三角状的斑点，状如龙眼。

麒麟子菩提：每粒一方形眼。

白菩提：由菩提根制成。

太阳子：每粒上都有一个小白点，看起来好像旭日中天，本身的红褐色如同太阳之火，故名太阳子。佛教称太阳神为日神。佛教密宗的主尊为大日如来，他随化现于世，破除黑暗，开显菩提心，心照众生。主驱邪消灾，带给人以吉祥、安康。

莲花菩提：原产地为印度，为菩提子中最为珍贵的品种，品相大都残缺，好的十分难求。此类菩提质地坚硬，把玩出的效果比其他菩提更为理想，经过几年的努力后，可变为深紫色。

上面所说的只是一部分，此外还有大金线、莲座、麒麟子、通天眼、莲台、蝉蜕、铁线等诸多品种，有兴趣者可深入了解一番。

此外，还有依产地来命名的，如天台菩提、天竺菩提等。

一般来说，一串好的菩提子手串，要看着和谐、

统一，给人一种舒服的感觉。具体来说，应当大小均匀，颜色统一，子粒饱满，无残子、裂子。一般情况下，表面凹凸不平的，纹路越深越密越好。一些带花纹的，花纹越清晰，底色越干净越好。

至于如何判断一串手串是否为同类之中的精品，则需要平时多留意观察，积累一定的经验才成。

二、精品鉴赏与参考价格

莲花串配蜜蜡手串
参考价格：4,000元

莲花串配蜜蜡手串（局部）

莲花子花王手串
参考价格：6,000元

莲台莲花手串
参考价格：300元

菩提根手串
参考价格：50元

太阳菩提手串
参考价格：80元

龙眼菩提手串
参考价格：80元

印度原始金刚菩提手串
参考价格：100元

龙珠菩提手串
参考价格：350元

红菩提手串
参考价格：100元

凤眼菩提手串
参考价格：30元

天珠手串（天魁）
参考价格：50元

蝉蜕手串
参考价格：150元

原始金蝉手串
参考价格：60元

金蝉手串
参考价格：80元

缅茄手串
参考价格：60元

巴西象牙果手串(小籽)
参考价格：300元

捌 藏饰手串

藏族是一个历史悠久的民族，在漫长的历史长河中，他们用灵巧的双手，打磨出了他们祖祖辈辈的图腾崇拜——神秘而美丽的藏饰。在藏饰中，手串格外引人注目，原料考究，做工精美，让人爱不释手。

其中，天珠、绿松石、牦牛骨等都是藏饰手串的常见材质，在看似粗糙的外表之下，却蕴含着非常精致而深厚的内涵。尤其是天珠，更是以其悠久的历史、神秘的特质和独特的魅力，让人浮想联翩。

下面我们将着重介绍一些关于天珠手串的相关知识，同时在精品鉴赏之中，附带介绍一下绿松石、牦牛骨等比较常见的手串。

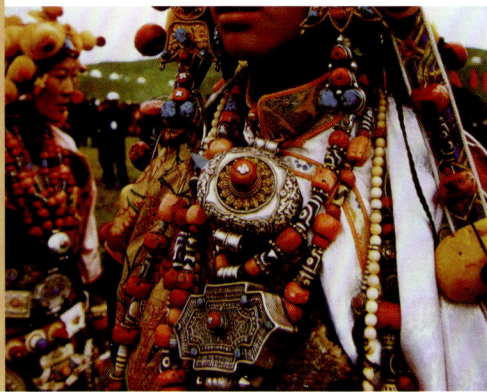

一、神圣的天珠

在所有的宝石中，天珠是最神奇的一种。其他宝石的价值主要取决于它的材质，而天珠的价值则仅仅取决于它神奇的力量与久远的年代。

天珠主要产于喜马拉雅山脉，是一种稀有宝石，学术上称为九眼石页岩，史书上记载为"九眼石天珠"。数千年前，西藏人就发现了这种具有强大磁场的九眼石矿，称其为"天降石"。他们将各种吉祥图案绘制在这种石头之上，经高温处理后使颜料深入矿石内，若再经大修行者加持，更可拥有不可思议的神奇力量。非福报深厚者，实无缘得此天降圣石！

在几千年的历史长河中，天珠在西藏这块中国最纯净的佛教圣地吸收灵气，接受加持，所以又被称为藏密七宝之一，是佛教圣物。藏族同胞视天珠为上天赐予他们的吉祥宝物，和生命一样重要，以至世代收藏供养。

现今，西藏天珠以其神妙无比的功益和与日俱增的收藏价值，已在全世界享有很高的声誉，它不但能够趋吉辟凶、调节血压、增强内气，还可保佑持有者获得福报、功名、财富及一切的圆满。尤其是西藏老天珠，可谓无价之宝，具有很高的实用和收藏价值。

二、天珠手串的分类及鉴别

天珠的分类方法很多，但最常用的还是按照年代来区分，也就是分为老天珠和新天珠。

当我们购买、收藏天珠手串的时候，一定要注意这个问题。

（一）老天珠

老天珠是数千年前由藏民开采出矿石经过人工研磨而成，其间花纹由喇嘛边念诵经文边用特殊工艺绘制、镶嵌而成，经过开光、加持、供奉后，历代相传，成为稀世珍品。老天珠因年代久远，数量稀少，所以现在十分罕见。因此，能够拥有一颗老天珠，将是一种极大的缘分和福气。

在老天珠的上面，一般会有朱砂点、弯月形风化纹、不规则形裂纹（多出现在火供天珠上），图腾钙化、白色线纹部分绘制得较为粗糙，并已有泛黄现象，在阳光下用放大镜能看到珠体表面有诸多细小的麻坑。

当然，根据天珠的材质类别、处理方式和佩戴时间长短的不同，不同的老天珠会呈现出不同的外在特征，并非所有的外在特征都会体现在同一个老天珠上。

（二）新天珠

新天珠矿石（玛瑙）产于海拔平均4000米以上、高寒的喜马拉雅山脉，根据所开采出的矿石（玛瑙）颜色及硬度可分为：红玉髓（硬度最高），原始矿石呈暗红色，因有一些矿石内部形成纹理不同，可看到有花纹；黑玉髓（硬度稍低于红玉髓），呈黑色，有经过抛光处理的，表面明亮有光泽；天然纹路玛瑙，内部条纹黑白相间，形成一圈一圈的天然图案，好像人的眼睛，称之为"佛眼"、"龙眼"，还有一些

红白相间，颜色细腻。

新天珠的纹绘一般很细腻，珠体光亮，没有麻坑。

三、天珠手串的净化保养

因天珠是具有灵气且庄严神圣之物，一般来说是百无禁忌。不过，在夫妻行房的过程中，最好不要佩戴天珠手串，除此之外任何时间最好佩戴天珠，因为它是您的护身符及守财神。

1．可用檀香油擦拭净化；

2．可用藏香熏陶净化；

3．恭请活佛开光、加持；

4．供奉于佛堂、神坛；

5．天珠乃佛家圣物，勿戴天珠沐浴、就寝；

6．天珠一旦为人专属，勿让他人携拿触摸。

一般约为一两个礼拜做净化动作，但若行经不干净的场所、参加丧礼后以及去医院探病后均应净化一下。

铜镀金嵌绿松石海螺(清)

长22.6cm。北京市文物公司藏。海螺质地润白，在其嘴部和尾部均有铜镀金装饰、中间为花纹图案，在其边缘的一周，则镶绿松石。

另外，每天用檀香油做保养也是对天珠手串的一种非常好的净化。

四、天珠手串的把玩与感应

一般来讲，天珠佩戴有脖项、手腕、手指、腰间、脚腕等部位，可改善其周围磁场，达到磁疗作用。不过，在

藏饰手串

把玩过程中，可能会出现下面的一些情况：

1．初期使用时，身体污垢较平常多，同时容易有口渴的感觉，感觉发热、酸麻、针刺感、头晕、口渴、心跳加速、反胃、胸闷等等，因个人体质不同而有不同的感应是天珠磁场促进新陈代谢及排毒之故。

2．佩戴后使血液循环更顺畅，精神及身体明显有增强和改善的现象。

3．心情相对平稳开朗，随时都能感觉欢喜愉悦，精力充沛。

4．睡眠时间会明显减少，大约6个钟头即足够，睡眠品质也会提高，睡得比较沉稳，对于失眠有相当程度的改善作用。

5．身体酸痛明显改善，也可将天珠置于酸痛处，有时身体会感到刺痛、发痒，代表效果深入体内。

上述内容会视个人之状况而有所不同，但一般来说，这些反应都是比较正常的，是因为天珠所独有的辐射感应所致。

五、精品鉴赏与参考价格

五、精品鉴赏与参考价格

木化石天珠手串
参考价格：1,500元

百年老天珠
参考价格：500元

九眼天珠

参考价格：600元

虎牙天珠（项链）

参考价格：2,000元

红玉髓天珠

参考价格：1,800元

龙眼天珠

参考价格：400元

红玉髓天珠手串
参考价格：500元

红玉髓天珠手串
参考价格：200元

红玉髓天珠手串
参考价格：200元

红玉髓天珠手串
参考价格：800元

红玉髓天珠手串
参考价格：500元

红玉髓天珠手串
参考价格：500元

蜜蜡佛珠
参考价格：800元

绿松石手串
参考价格：300元

牦牛骨手串
参考价格：100元

绿松石手串
参考价格：1,000元

红朱砂天珠手串
参考价格：300元

天珠图案及其寓意

01. 一眼天珠
功益：人际和顺 贵人相扶 鸿图大展
02. 二眼天珠
功益：玉树连枝 夫妻和睦 称心合意
03. 三眼天珠
功益：三星拱照 财源广进 福禄寿全
04. 四眼天珠
功益：四大菩萨除障 减轻四苦 威显四方
05. 五眼天珠
功益：五路进财 无往不利 路路亨通
06. 六眼天珠
功益：消灾除邪 解脱厄运 六六大顺
07. 七眼天珠
功益：七轮启动 大吉大利 功成圆满
08. 八眼天珠
功益：八佛相持 调理不顺 获入正道
09. 九眼天珠
功益：九乘功德 声名显赫 财富日增
10. 十眼天珠
功益：得人心 得爱慕 人生得意
11. 十一眼天珠
功益：消灾解厄 聚集福慧
12. 十二眼天珠
功益：勇猛超群 有求必应 所求皆得
13. 十三眼天珠
功益：身心宁静 百事不惧 直达修行高境界
14. 十五眼天珠
功益：众神加持 成就所愿 大吉大利
15. 财神天珠
功益：金光普照 金银满仓 无往不利

16. 观音天珠

功益：千祥百福 神妙无比 源远流长

17. 天地天珠

功益：天圆地方 阴阳调和 百福千祥

18. 日月天珠

功益：阴阳调和 生机勃发 天长地久

19. 龙眼天珠

功益：万福降临 所求如愿 功德无限

20. 牛角天珠

功益：驱邪消灾 平安吉祥 强身健体

21. 万字天珠

功益：佛光普照 财运昌盛 广结善缘

22. 菩提天珠

功益：觉悟正道 消灾泯难 运转圆满

23. 如意天珠

功益：心气和顺 如意自在 富贵吉祥

24. 莲花天珠

功益：净化身心 和谐安详 福泰安康

25. 宝瓶天珠

功益：出行平安 纳吉聚财 健康长寿

26. 双寿天珠

功益：福寿双全 并蒂长生 姻缘美满

27. 龟纹寿天珠

功益：长命百岁 延年益寿

28. 水纹天珠

功益：财源滚滚 连绵不断 亨通长久

29. 线纹天珠

功益：路路畅通 一往无前 达成目标

30. 大人天珠

功益：可除危害 力克小人 换颜革新

31. 虎牙天珠

功益：刚强坚韧 勇往直前 保佑平安

小常识

一、念珠分类、个数及含义

(一)按品级划分，念珠可分四品

1. 最上晶为1080粒。但这种念珠因太长，仅为少数高僧大德和潜修忍者使用，或为名僧在大法会中作为装饰品，此外极少人使用。

2. 上品为108粒。密宗行者用110粒。为修行中记数方便，现也有穿为216粒或360粒的。

3. 中品为54粒。

4. 下品为27粒。

(二)按粒数划分，念珠可分为10种

1. 1080粒：包括十法界的108个数。"十法界"指迷与悟的世界，分为十种类，即六凡界和四圣界：①地狱界，②饿鬼界，③畜生界，④修罗界，⑤人间界，⑥天上界，⑦声闻界，⑧缘觉界，⑨菩萨界，⑩佛界。前六界为凡夫的迷界，即六道轮回的世界；后四界是圣悟者的悟界，超脱人间。

2. 108粒：代表断除108种烦恼，而证得108种无量三昧。三昧即是心安住于一境的寂静状态而不散乱，也就是正定中的境界。

108粒也可表示108尊佛的功德。

3. 54粒：是表示菩萨修行过程的54个阶位，即表示十信、十住、十行、十回向、十地和四善根。

4. 42粒：是表示菩萨修行的42个阶位，即十住、十行、十回向、十地加上等觉和妙觉。

5. 36粒：含义与108粒相同，为携带方便遂三分之为36而制。

6. 33粒：在藏密中也有33粒的念珠，或表示观音菩萨的33种化身，或表示33天。

7. 27粒：是表示小乘修行四向四果的27贤者，即前四向三果的"十八有学"和第四果阿罗汉的"九无学"。

8. 21粒：是表示本有十地与修生十地和佛果，或表示十地、十波罗密和佛果。

9. 18粒：意义与108粒同，为携带方便，遂六分之为18；或谓十八界，即六根、六尘、六识。

10. 14粒：表示观音菩萨的十四无畏。观音菩萨以金刚三昧无作妙力(不作意之力用)与诸十方、三世、六道等一切众生一同悲仰，令众生获十四种无畏功德；或也可表示《纯王经》所说的十四忍。

(三)念珠结构分为两大类

1. 单组念珠，即一串念珠由一粒母珠和其他不同数目的子珠组成。

2. 复组念珠，即一串念珠、除母珠和子珠外，还有隔珠(又称为数取)、弟子珠(又称为记子)、记子留，或一些饰物。母珠通常只有一粒，也有两粒的。

弟子珠一般体积较小，有10粒或20粒，系串在母珠前另一端，以10粒为一小串的，表示布施、持戒、忍辱、精进、禅定、般若、方便、愿、力、智十种波罗密。弟子珠也可用来记数之用，每念一串珠，拨一粒弟子珠。

二、手串雕刻图案的寓意

手串作为礼品、信物、吉祥物等广泛应用于人们日常生活和各种交往之中，是亲戚朋友之间表示爱心、感情、良好祝愿或祈求平安的馈赠佳品。

俗语说得好，玉石"图必有意、意必吉祥"。下面我们将简明扼要地介绍一些翡翠手串常用图案所包含的文化底蕴：

1. 佛教文化寓意：主要为弥勒佛、观世音、千手观音、送子观音、南海观音、普陀观音、各种菩萨等图案。

2. 道教文化寓意：主要图案为阴阳八卦、阴阳鱼、五行八卦。

3. 皇宫文化寓意：如九龙归宗、双龙戏珠、龙凤呈祥、松鹤延年、贵妃出浴、望子成龙、一统天下、和平有象、金玉满堂。

4. 文人文化寓意：喜上眉梢、岁寒三友等。

5. 生肖文化寓意：用十二生肖属相：子鼠、丑牛、寅虎、卯兔、辰龙、巳蛇、午马、未羊、申猴、酉鸡、戌狗、亥猪，代表人生寄托吉祥，其属相者配戴相应生肖玉佩。

6. 生意人文化寓意：生意兴隆、年年有余、苦尽甘来、财运亨通、麒麟送财、金蟾献瑞。

7. 古代民间文化寓意：金猴拜寿、童子鱼、五子登科、五狮献瑞、鲤鱼跳龙门、精打细算、喜获丰收、连生贵子、福星高照、龙凤呈祥、福寿双全、五福临门。

8. 仕途文化寓意：步步高、连升三级、硕果累累、冠上加官、螳螂捕蝉黄雀在后、花开富贵、鹏程万里、马上封侯。

9. 福禄寿禧文化寓意。

(1)福：弥勒佛、蝙蝠、梅花、寿星、福在眼前、鸡冠花、佛手瓜；

(2)禄：鸡冠花、公鸡、凤凰；

(3)寿：龙头龟、人参、松树、仙鹤、高山、灵芝；

(4)禧：欢庆、喜鹊；

(5)植物类：葫芦、牡丹花、水仙花、梅花；

(6)人物类：关公、寿星、财神，也称三星高照；

(7)颜色类：福——紫罗兰，禄——翠，寿——翡，禧——青色。

10. 寄托愿望文化寓意：望子成龙、多子多福。

11. 儒教文化寓意：山水、人物、花鸟、动物、梅、兰、竹、菊、葡萄、蔬菜(象征士大夫气概)。

三、手串的搭配与串接

　　手串买到以后，许多人可能觉得商家的搭配(颜色、材料等)不是很合自己的口味，因此就想改造一下，使其更能够凸现手串主人的个性特点。那么，究竟应该怎样搭配呢？

　　最主要的是要考虑串珠的材料，尤其是其质地的软硬。举例而言，像质地比较软的木质类手串，就最好不要和翡翠等质地比较硬的材料混串在一起，以免造成串珠的严重磨损或者挤压变形。而对于质地比较适中的串珠如琥珀、和田玉等，则没有这方面的忌讳。

　　至于串珠的颜色搭配，则没有什么需要特别注意的事项，关键要看手串主人自己的个人喜好而定。一个重要的原则就是，应当突出串珠的主色调，而绝不能让配料喧宾夺主。

橄榄核雕十八罗汉＋莲花子手串
参考价格：3,000元

想自己DIY手串的朋友，通常觉得很困难，其实并不是这样的。一般来说，只要将串珠依次穿到绳子上就可以了。对于更复杂的穿法，您可以参看其他的专门书籍，或者直接向商家咨询——更方便的是，他们的工具可是一应俱全，省得您再购置了。

　　下面是一些玩家的DIY手串作品，有兴趣的朋友可以参考一下。

黄花梨＋蜜蜡佛头手串
参考价格：600元

沙沉金丝楠＋蜜蜡珠手串
参考价格：1,200元

阴沉金丝楠念珠＋蜜蜡雕龙顶珠＋佛头手串
参考价格：1,000元

莲花菩提籽(27颗)＋蜜蜡珠手串
参考价格：4,000元

碧玉+象牙佛头手串
参考价格：5,000元

近年手串拍卖价格

单位：元(RMB)

名称	年代	成交价	拍卖单位	拍卖时间
绿松石手串	清	43,593	佳士得香港有限公司	2000-04-30
碧玺手串(18粒)	清	19,800	北京翰海拍卖有限公司	2002-07-01
星月菩提手串	当代	800	北京翰海拍卖有限公司	2003-01-13
碧玺松石手串	清	2,640	中国嘉德国际拍卖有限公司	2004-08-22
蜜蜡手串	辽	1,980	北京翰海拍卖有限公司	2004-01-14
沉香手串	清	1,650	北京翰海拍卖有限公司	2004-01-14
核雕十二生肖手串	清	1,100	北京翰海拍卖有限公司	2004-03-20
蜜蜡手串	清	6,380	北京翰海拍卖有限公司	2004-03-20
象牙雕十八罗汉手串	民国	2,200	北京传是国际拍卖有限责任公司	2005-04-24
旧玉手串(6粒)	汉	33,000	北京翰海拍卖有限公司	2004-06-28
象牙手串	当代	1,650	北京翰海拍卖有限公司	2004-07-24
象牙手串	清	2,200	北京翰海拍卖有限公司	2004-07-24
蜜蜡手串(18粒)	清	41,800	北京翰海拍卖有限公司	2004-11-22
碧玺手串(18粒)	清	22,000	北京翰海拍卖有限公司	2004-11-22
珊瑚手串(18粒)	当代	2,420	北京翰海拍卖有限公司	2004-11-28
橄榄核雕人物手串(12粒)	清	3,080	北京翰海拍卖有限公司	2005-05-14

名称	年代	成交价	拍卖单位	拍卖时间
白玉十二生肖手串	当代	12,000	中鸿信国际拍卖有限公司	2005-05-18
核雕十二生肖手串	清	1,100	中国嘉德国际拍卖有限公司	2005-06-12
蜜蜡手串	当代	6,050	中国嘉德国际拍卖有限公司	2005-06-12
核雕十二生肖手串	清	3,300	天津国际拍卖有限责任公司	2005-06-16
蓝碧玺手串	清	27,500	北京翰海拍卖有限公司	2005-06-20
琥珀手串	清	2,200	上海长城拍卖有限公司	2005-06-23
象牙雕罗汉纹手串	民国	1,320	北京传是国际拍卖有限责任公司	2005-08-14
紫檀手串	民国	1,100	北京传是国际拍卖有限责任公司	2005-08-14
象牙手串	民国	880	北京传是国际拍卖有限责任公司	2005-08-14
菩提子手串	民国	1,650	北京传是国际拍卖有限责任公司	2005-08-14
沉香木手串	清	6,000	北京翰海拍卖有限公司	2005-09-25
菩提子手串	清	1,000	北京翰海拍卖有限公司	2005-09-25
橄榄核透雕人物手串	清	1,800	北京翰海拍卖有限公司	2005-09-25
珊瑚手串	清	8,800	天津市文物公司	2005-11-30
琥珀刻寿银龙手串	清	13,200	上海嘉泰拍卖有限公司	2005-12-03
蜜蜡手串(二件)	当代	5,720	中国嘉德国际拍卖有限公司	2005-12-10
珊瑚寿字手串	清	41,800	北京翰海拍卖有限公司	2005-12-12
紫檀手串	民国	110	北京传是国际拍卖有限责任公司	2006-01-08

名称	年代	成交价	拍卖单位	拍卖时间
象牙刻十八罗汉手串	清	1,320	北京传是国际拍卖有限责任公司	2006-01-08
迦楠香手串(18粒)	清	1,320	北京传是国际拍卖有限责任公司	2006-01-08
珊瑚手串	民国	4,400	北京传是国际拍卖有限责任公司	2006-01-08
蜜蜡手串	清	11,000	太平洋国际拍卖有限公司	2006-01-14
珊瑚人物手串	当代	880	太平洋国际拍卖有限公司	2006-01-14
核雕松鹤延年纹手串	民国	1,320	太平洋国际拍卖有限公司	2006-01-14
核雕古钱纹手串	清	11,000	中国嘉德国际拍卖有限公司	2006-03-11
沉香雕寿字手串	民国	11,000	北京翰海拍卖有限公司	2006-03-12

在本书的写作和图片搜集过程中，我们得到了很多企业和个人的大力支持和帮助，在此一并表示真挚的谢意。

橄榄核雕	明轩核雕	须明华	朝阳区十里河华声天桥文化园31号
琥珀	义洋天然琥珀	林义洋	朝阳区潘家园旧货市场甲010号
玉石	玉鑫轩	梁金保	朝阳区潘家园旧货市场丁排17号
水晶	翔龙水晶	霍学祥	朝阳区潘家园旧货市场甲排29号
木质类	江南木雕工艺厂	陈军华	朝阳区潘家园旧货市场一区26排23号
树子类	印度菩提子	王喻民	潘家园旧货市场2区2排20号
藏饰	西藏佛宝天珠	苏拉卓玛	朝阳区十里河千鹤年华大门外左侧6号

本书部分图片选自《北京文物精粹大系》(北京出版社)。

143

批量定货：	北京出版社发行中心	(010)62013123
外埠邮购：	北京出版社邮购部	(010)62050948
在京零购：	北京出版社知不足书店	(010)58572386

图书在版编目（CIP）数据

手串把玩与鉴赏 / 何悦，张晨光编著. — 2版（修订本）. — 北京 ：北京美术摄影出版社，2012.7

（把玩艺术系列图书）

ISBN 978-7-80501-489-0

Ⅰ．①手 Ⅱ．①何 ②张 Ⅲ．①首饰—基本知识 Ⅳ．①TS934.3

中国版本图书馆CIP数据核字(2012)第100381号

把玩艺术系列图书

手串把玩与鉴赏（修订本）
SHOUCHUAN BAWAN YU JIANSHANG

何 悦 张晨光 编著

出　　版	北京出版集团公司
	北京美术摄影出版社
地　　址	北京北三环中路6号
邮　　编	100120
网　　址	www.bph.com.cn
总 发 行	北京出版集团公司
经　　销	新华书店
印　　刷	北京画中画印刷有限公司
版　　次	2012年7月第2版　2015年6月第7次印刷
开　　本	889毫米×1194毫米　1/36
印　　张	4
字　　数	50千字
书　　号	ISBN 978-7-80501-489-0
定　　价	28.00元

质量监督电话　010-58572393

三好图书网
www.3hbook.net

好人·好书·好生活

我们专为您提供
健康时尚、**科技新知**以及**艺术鉴赏**
方面的**正版图书**。

入会方式

1.登录**www.3hbook.net**免费注册会员。
（为保证您在网站各种活动中的利益，请填写真实有效的个人资料）

2.填写下方的表格并邮寄给我们，即可注册
成为会员。（以上注册方式任选一种）

会员登记表

姓名：_____ 性别：_____ 年龄：____

通讯地址：_____

_____

e-mail：_____

电话：_____

希望获取图书目录的方式（任选一种）：

邮寄信件 ☐   e-mail ☐

为保证您成为会员之后的利益，请填写真实有效的资料！

会员优待

·直购图书可享受优惠的
折扣价
·有机会参与三好书友会
线上和线下活动
·不定期接收我们的新书
目录

网上活动

请访问我们的网站：
www.3hbook.net

三好图书网
www.3hbook.net

地　址：北京市西城区北三环中路6号 北京出版集团公司7018室　联系人：张薇
邮政编码：100120　电　话：(010) 58572289　传　真：(010) 58572288

新书热荐

橄榄核雕把玩与鉴赏

挂件手把件把玩与鉴赏

和田玉把玩与鉴赏

核桃把玩与鉴赏

葫芦把玩与鉴赏

琥珀蜜蜡把玩与鉴赏

鸟笼把玩与鉴赏

折扇把玩与鉴赏

手串把玩与鉴赏

铜印钮把玩与鉴赏

象牙雕刻把玩与鉴赏

烟斗把玩与鉴赏

紫砂壶把玩与鉴赏

品好书，做好人，享受好生活！

三好图书网
www.3hbook.net

邮品艺术系列图书

生肖邮品鉴赏

（珍藏本）

邮品艺术
生肖邮品鉴赏

张曼光
陈　何　编著

北京美术摄影出版社
北京出版集团公司

把玩艺术 系列图书

手串把玩与鉴赏

（修订本）

健康伴侣

把玩艺术

何悦
张晨光 编著

北京出版集团公司
北京美术摄影出版社